教育部人文社会科学研究规划基金项目（08JA790141）
重庆市社会科学规划项目（2009JJ17）
国家社会科学基金重大项目（11&ZD161）　　共同资助
国家软科学研究计划项目（2010GXQ5D353）
重庆市高校创新团队项目（KJTD201021）

"十二五"国家重点图书出版规划项目

长江上游地区经济丛书

流域生态产业初探

——以乌江为例

文传浩　程　莉　马文斌　等/著

科学出版社
北　京

图书在版编目（CIP）数据

流域生态产业初探：以乌江为例/文传浩等著．—北京：科学出版社，2013

（长江上游地区经济丛书）

ISBN 978-7-03-037830-9

Ⅰ．①流…　Ⅱ．①文…　Ⅲ．长江流域-生态环境建设-研究　Ⅳ．①X321.2

中国版本图书馆 CIP 数据核字（2013）第 127315 号

丛书策划：胡升华　侯俊琳

责任编辑：杨婵娟/责任校对：邹慧卿

责任印制：徐晓晨/封面设计：铭轩堂

编辑部电话：010-64035853

E-mail：houjunlin@mail.sciencep.com

科学出版社出版

北京东黄城根北街 16 号

邮政编码：100717

http://www.sciencep.com

北京厚诚则铭印刷科技有限公司印刷

科学出版社发行　各地新华书店经销

*

2013 年 7 月第　一　版　开本：B5（720×1000）

2019 年 1 月第四次印刷　印张：12 3/4

字数：236 000

定价：68.00 元

（如有印装质量问题，我社负责调换）

“长江上游地区经济丛书”指导专家

（以姓氏笔画为序）

丛书序

Preface

30余年的改革开放，从东到西、由浅入深地改变着全国人民的观念和生活方式，不断提升着我国的发展水平和质量，转变着我们的社会经济结构。中国正在深刻地影响和改变着世界。与此同时，世界对中国的需求和影响，也从来没有像今天这样突出和巨大。经过30余年的改革开放和10余年的西部大开发，我们同样可以说，西部正在深刻地影响和改变着中国。与此同时，中国对西部的需求和期盼，也从来没有像今天这样突出和巨大。我们在这样的背景下，开始国家经济、社会建设的"十二五"规划，进入全面建成小康社会的关键时期，迎来中国共产党第十八次全国代表大会的召开。

包括成都、重庆两个西部最大的经济中心城市和几乎四川、重庆两省（直辖市）全部国土，涉及昆明、贵阳两个重要城市和云南、贵州两省重要经济发展区域的长江上游地区，区域面积为100.5万km^2，占西部地区12省（自治区、直辖市）总面积的14.6%，占全国总面积的10.5%，集中了西部1/3以上的人口，1/4的国内生产总值。它北连甘、陕，南接云、贵，东临湘、鄂，西望青、藏，是西部三大重点开发区中社会发展最好、经济实力最强、开发条件最佳的区域。建设长江上游经济带以重庆、成都为发展中心，以国家制定的多个战略为指导，将四川、重庆、云南、贵州的利益紧密结合起来，通过他们的合作使长江上游经济带建设上升到国家大战略的更高层次，有着重要的现实意义。

经过改革开放的积累和第一轮西部大开发的推动，西部地区起飞的基础已经具备，起飞的态势已见端倪，长江上游经济带在其中发挥着举足轻重的作用。新一轮西部大开发战略从基础设施建设、经济社会发展、人民生活保障、生态环境保护等多个方面确立了更加明确的目标，为推动西部地区进一步科学良性发展提供了纲领性指导。新一轮西部大开发的实施也将从产业结构升级、城乡统筹协调、生态环境保护等多个方面为长江上游经济带提供更多发展机遇，更有利于促进长江上游经济带在西部地区经济主导作用的发挥，使之通过自身的发展引领、辐射和服务西部，通过新一轮西部大开发从根本上转变西部落后的局面，推动西部地区进入工业化、信息化、城镇化和农业现代化全面推进的新阶段，促进西部地区经济社会的和谐稳定发展。

本丛书是“十二五”国家重点图书出版规划项目，由教育部人文社会科学重点研究基地重庆工商大学长江上游经济研究中心精心打造，是长江上游经济研究中心的多名教授、专家经过多年悉心研究的成果，涉及长江上游地区区域经济、区域创新、产业发展、生态文明建设、城镇化建设等多个领域。长江上游经济研究中心（以下简称中心）作为教育部在长江上游地区布局的重要人文社会科学重点研究基地，在“十一五”期间围绕着国家，特别是西部和重庆的重大发展战略、应用经济学前沿及重大理论与实践问题，产出了一批较高水平的科研成果。“十二五”期间，中心将在现有基础上，加大科研体制、机制改革创新力度，探索形成解决"标志性成果短板"的长效机制，紧密联系新的改革开放形势，努力争取继续产出一批能得到政府、社会和学术界认可的好成果，进一步提升中心在国内外尤其是长江上游地区应用经济学领域的影响力，力争把中心打造成为西部领先、全国一流的人文社会科学重点研究基地。

本丛书是我国改革开放30余年来第一部比较系统地揭示长江上游地区经济社会发展理论与实践的图书，是一套具有重要现实意义的著作。我们期盼本丛书的问世，能对流域经济理论和区域经济理论有所丰富和发展，也希望能为从事流域经济和区域经济研究的学者和实际工作者们提供翔实系统的基础性资料，以便让更多的人了解熟悉长江上游经济带，为长江上游经济带的发展和西部大开发建言献策。

王崇举
2013年2月21日

陈栋生序

Preface by Chen Dongsheng

流域是人类文明的摇篮，是人类经济活动起步和进一步发展的主要舞台。工业革命以来，经济资源向条件优越的河流沿岸聚集，形成沿江产业带和沿江经济走廊，是经济发展的重要走势。

随着我国经济高速增长和社会主义市场经济的逐步建立，区域发展和流域经济日益成为各级政府关注的重点，也成为学术界和社会关注的重要问题。在这种背景下，愈来愈多来自经济学、地理学、社会学等学科领域的学者开始从事流域经济与社会发展问题的研究，至今已呈现出蓬勃发展的态势。

长期以来，重庆工商大学文传浩教授及其研究团队致力于流域经济问题的研究。他们高度关注中国流域经济发展的实践，重视对实践中存在的诸多问题和表象进行理论抽象、提炼和深入研究；密切注视经济全球化与区域经济一体化对流域发展带来的深远影响。他们充分依托重庆工商大学长江上游经济研究中心（教育部人文社会科学重点研究基地）这一平台，持续追踪、把握国际研究最新动态，结合流域经济发展实践，编写出版了《流域生态产业初探——以乌江为例》。

我想在该书出版之际，谈些自己的看法。我认为，该书兼顾前沿性和应用性，对国际、国内的前沿理论进行了全新的梳理和反思，在研究方法和研究内容上具有前瞻性、创新性，理论上有深度，对解决现实流域经济问题有指导、参考、借鉴作用。该书所体现的新的分析框架与学科交叉研究亮点是其最大的特色，下述几点尤其值得肯定。

一是突出流域生态产业研究的系统性，重视不同学科之间的交叉融合，吸收了生态学等学科的相关研究成果。交叉和融合是学科发展的重要途径。在我国，无论是区域经济学家还是经济地理学家，尽管各自工作的特点不同，对于前沿领域和一系列重要议题，考察问题的视角各异，但不妨碍他们在同一平台上就共同的对象进行观点的交流，这也不失为一种追求真实的科学精神。该书在产业生态、生态产业等方面的理论探讨，有助于资源经济学、区域经济学和流域经济学理论研究的深入，推动学科建设的发展。

二是把生态理论、资源开发与以乌江流域为案例的流域经济发展融入一个研究整体，这在学术界还很鲜见。对乌江流域来讲，丰饶的自然资源和脆弱的生态环境形成尖锐反差，坚持生态文明建设、构建生态产业就显得尤为重要。该书结合乌江流域经济发展的实际情况，对乌江流域生态产业建设的路径和模式进行了新的探索，为转变经济发展方式下，流域经济研究新路径、新模式开了先河。

三是以构建生态产业的流域治理研究把握了时代前沿。与以往的流域治理研究不同，该书的落脚点不再是流域治理政策，而是针对流域治理进行了深刻分析，这种转向代表了未来流域经济研究的新趋势。流域治理强调不同流域主体的权益和他们的交互作用，既包括了制定流域政策的政府行为，也涵盖了其他流域主体的作用和行为。该书以主体功能区区划这一新的制度变迁为依据，分析流域治理，恰是多个流域主体互动的一种体现。该书以主体功能区为划分依据，辅以县域比较研究。针对乌江流域地区不同县域的资源、环境承载力进行生态产业的科学构建，引导乌江流域地区形成建立在自身的资源禀赋基础之上的产业结构。这样不仅可以准确把握乌江流域的社会发展背景、生态环境特性，为生态产业发展模式的构建打下坚实基础，而且对于恢复自然生态，形成低碳的生产方式和绿色的消费模式，稳固、强化人与自然和谐相处的自然基础，构建安全的生态屏障，促进乌江流域可持续发展具有重要意义。

该书是重庆工商大学长江上游经济研究中心科研人员的前期研究成果，衷心祝愿作者今后有更多、更新的成果问世，祝愿该书与读者们一道开启我国流域经济不断发展的新纪元。

中国社会科学院荣誉学部委员

陈栋生

2012.8.2于北京

王焕校序

Preface by Wang Huanjiao

改革开放以来，我国经济取得极大的发展，人们生活水平有很大提高，中国发生了翻天覆地的变化。但是在发展经济的同时，没有注意环境保护，结果走上了一条破坏环境、浪费资源的不可持续发展之路，使经济和环境产生严重的矛盾。在这个关键时刻，党中央提出科学发展观和可持续发展理论，促使经济、社会、环境达到协同、可持续发展。流域生态产业研究也应运而生。乌江流域作为一个自然—经济—社会复合巨系统，能否与三峡库区整体生态安全结合起来，探讨其经济—环境可持续发展，这是重大的现实问题，尚处于探索阶段，也是近年来该领域研究的热点。

《流域生态产业初探——以乌江为例》一书是文传浩教授及他所领导的研究团队对乌江流域生态产业研究的阶段性总结。本书以生态学、产业生态学、循环经济和可持续发展等理论为基础，主要运用生态产业相关系统理论和方法，依托流域经济学和流域生态学等新兴学科的交叉优势，以乌江流域—重庆市—三峡库区为主线，力求按生态系统的食物链原理、循环经济原则，把企业组成相互利用、“无废”生产的产业链，并在此基础上探讨实现流域地区生产发展、生活富裕、生态良好的文明发展模式。在研究方法上主要运用综合文献分析、比较分析、归纳分析、专家咨询等；实证研究主要应用参与式农村评估（Participatory Rural Appraisal，PRA）调查法、环境经济与社会统计数据采集、案例分析等，获取大量一手资料，从理论和实践相结合的角度探讨流域生态产业理论，并通过乌江流域三区（县）农业、工业和服务业发展比较，提出生态产业体系的构建及发展政策的支撑体系。全书结构严谨、内容丰富、资料翔实、案例得当、创新性强，具有较高的理论水平和实用价值。

收此书稿，我阅后欣然为之作序。从书中可以看到该项研究成果具有较好的前瞻性、创新性和实践的可操作性，填补了长江上游及支流流域生态产业系统研究的空白，成果对于推进流域生态学、区域经济学的交叉融合，尤其是流域经济学这一新兴交叉边缘学科的发展具有较高理论和实践价值。衷心希望更多的学者关注流域经济学这一新兴领域的发展，也希望文传浩团队继续努力，为流域生态产业理论与实践作出更大贡献。

云南大学

王焕校

2012.8.16

自序

Preface by the author

20世纪80年代以来，乌江流域的干流沿岸地区作为我国经济发展具有重要战略意义的区域，成为全国范围内的19个国土综合开发的重点，以及长江流域5个重点开发区之一。但是多年来的开发并未从根本上改变乌江流域的经济发展状况。即尽管乌江是长江流域水能资源蕴藏量最大的支流，流域内蕴藏着丰富的煤、铝、磷、锰等矿产资源，乌江流域地区依然是我国西南地区经济较为落后的地区之一，同时也是生态环境较为脆弱的区域。多年来具有盲目性、片面性和短期功利性的经济开发和产业建设方式，给流域内的自然生态环境造成了较大的负面影响，加速了生态退化的速度。再加上区域人口自然增长率高，人口素质低，区域经济发展水平落后，多种负面因素交织在一起，使得乌江流域生态产业建设任务十分艰巨。

举世瞩目的长江三峡工程已经建成，三峡工程启动以来，移民重组、生态重建、经济转型、脱贫致富，成为位于长江上游的该地区的四大主题任务。其中，生态环境问题被公认为世界级的难题。如何在经济落后的基础上，既能加快经济发展又能保护生态环境，实现三峡库区的可持续发展，成为社会各界关注的一个焦点问题。尽管在库区发展道路的选择上，各方面专家均提出了不同的意见，但有一点却达成了共识——即传统的区域发展方式将不再适合，三峡库区的发展必须要有新思路，必须寻求新道路，必须探求新模式。

乌江流域作为一个自然—经济—社会复合巨系统，将其与三峡库区整体生态安全结合起来探讨二者的互动关系，尚处于探索阶段，也是近年来该领域研究的薄弱点。以往对于流域的研究，习惯按照行政区划划分研究区域，没有将环境问题放入整个流域层面来进行系统研究，使得研究结论的实践应用性较为有限。本书以主体功能区为划分依据，辅以县域比较研究。不仅可以准确把握乌江流域的社会发展背景、生态环境特性，为生态产业发展模式的构建打下坚实基础，更为流域内各个地区的发展提供了有益的建议。因此，研究乌江流域的生态产业体系构建及其模式选择，是十分重要与必要的。

我国改革开放的总设计师邓小平曾经说过："发展是硬道理"，这已经在我国改革开放30多年来的发展实践中得到了充分的验证——发展是解决中国所有问题的关键，树立和落实科学发展观是中国可持续发展的必然选择。对于地处西部且较落后的乌江流域，发展显得更加迫切，但如何发展却有高效集约与低效粗放之分、可持续与不可持续之分。21世纪以来，乌江流域的社会经济发展取得了显著的成就，但也存在环境承载能力日益下降、人民生活质量并未得到同步提高的窘况，发展生态产业迫在眉捷。在此背景下，基于多年的研究思考，在广泛收集资料的基础上，本书以生态学、产业生态学、可持续发展、循环经济等方面的理论为基础，系统运用生态产业相关理论和方法，利用流域经济学和流域生态学等新兴学科的交叉优势，结合乌江流域的具体情况，以深入细致的调研为基础，以乌江流域—重庆市—三峡库区为主线，围绕推进流域生态产业发展、重庆生态城市建设战略和三峡库区环境安全展开研究，尝试在乌江流域现有人口、资源、环境、社会、产业基础上，探索流域生态产业发展模式、建设体系与实现途径，在流域内基本形成节约资源和保护生态环境的生态产业结构、持续增长方式、绿色消费模式，实现流域地区生产发展、生活富裕、生态良好的文明发展模式，推动区域协调发展，在三峡库区一级支流率先建成流域生态产业带的发展范式，推进构建乌江（经济与环境）和谐流域战略。

本书主要研究内容如下。

1. 回顾国内外流域发展及产生的生态环境问题，在国内传统经济发展模式存在弊端，以及生态功能区、主体功能区与生态文明提出的情况下，通过描述三峡库区与乌江流域的生态环境现状，突出构建乌江流域生态产业体系及发展模式的必要性与重要性。

2. 总结了国内外生态产业的理论研究成果和应用实践，明晰了其与传统产业的实质差异，从理论上说明了生态产业是传统工业的自然归宿。

3. 描述了乌江流域生态环境与产业发展的历史、现状，及生态环境与产业发展的耦合关系，为构建乌江流域生态产业。

4. 基于乌江流域生态环境与产业发展现状，构建了乌江流域生态产业体系及发展模式，遵循以生态农业、生态工业、生态服务业为主的产业发展思路，以区县为依托建立生态工业园区，全面发展循环经济，有效降低工农业、生活服务相关产业的污染排放。

5. 选取贵州沿河土家族自治县、重庆南川区、重庆武隆县等乌江流域典型产业集聚区作为生态产业体系构建与对策分析的实证研究对象。分别依据各自发展特点，就生态农业、生态工业、生态旅游业进行了有针对性的研究，并针对发展问题提出相应建议。

6. 结合乌江流域的具体现状，以及近年来国家针对西部地区的优惠扶持政策，如《国务院关于编制全国主体功能区规划的意见》《国务院关于推进重庆市统筹城乡改革和发展的若干意见》等，进一步明确乌江流域生态产业体系构建的政策支撑体系和文化支撑体系。

延绵1000多公里的乌江，资源丰富、风光旖旎，曾是李清照等诗词名家探古寻幽的圣地，在沉寂了数百年后终于迎来了焕发生机的时刻。我们应该紧紧抓住时代发展的步伐，以新的思路、新的理念重新规划乌江流域的发展道路，在这片处于三峡库区一级支流地位的神奇土地上，率先建成国内领先的流域生态产业发展范式，使其成为三峡库区、重庆市乃至整个西南地区重要的生态屏障。如此，也算是留给了后人一笔能享用终身的财富。

作　者

2012年10月18日

目录 Contents

第一章
绪　论

第一节　流域生态产业研究背景

流域是人类文明的摇篮，流域经济活动是人类经济活动起步和进一步发展的基本形式。迄今，流域仍然是国民经济和区域经济持续发展的空间载体，是产业集中、城市发达和人居条件相对优越的地区。古今中外，经济的崛起无不与流域的开发治理密切相关。世界四大文明古国皆发源于大河流域。在古老的东方，同样古老的黄河、长江孕育了五千年中华文明；在南亚的印度，圣洁的恒河滋养了神圣的古印度文明；在中东，幼发拉底河和底格里斯河共同浇铸了繁荣的古巴比伦文明；在遥远的非洲，悠长的尼罗河成为辉煌的古埃及文明的滥觞之地。这一条条奔腾不息的古老河流，给予了人类最初的养分。人们从这里开始劳动和创造，又以之为纽带，延伸到世界各地，经历漫长的年月，最终创造出绚烂的现代文明。纵观世界历史，几乎所有的大河流域都曾在本国的发展史上抒写过辉煌的一笔。特别是工业文明时代，工业生产对水的需求急剧增加，于是在大河流域及大型湖泊周围，兴建起一座又一座工业城市，如美国的五大湖区、密西西比河流域，欧洲的莱茵河流域等（周运清和熊瑛，2001）。然而，在流域开发和流域经济发展取得较大成绩之时，产生了如过度开发、水体污染、水土流失、水量大减等诸多问题。传统的流域发展方式已经不可持续，只有转变经济发展方式，在生态文明理念下，改善产业发展模式，构建流域生态产业，在主体功能区规划指导下，实行跨区域流域管理，才是实现我国流域经济健康发展和构建和谐社会的必然选择。

一、国内外流域发展与生态环境问题

（一）罗布泊

罗布泊（Lop Nor），中国新疆维吾尔自治区东南部湖泊。在塔里木盆地东部，海拔 780 米左右，位于塔里木盆地的最低处。罗布泊曾经是我国西北干旱地区最大的湖泊，湖面曾达 12 000km^2，20 世纪初仍达 500km^2，因地处塔里木盆地东部的古“丝绸之路”要冲——楼兰古城而著称于世。罗布泊在蒙古语中

有“汇入多水之湖”之意，后因其水源塔里木河流量减少，周围沙漠化严重，在20世纪中后期迅速退化，直至70年代末完全干涸。

罗布泊的消亡与新中国成立后在塔里木河上游的过度开发有着直接关系。塔里木河全长1321km，是中国第一、世界第二大内陆河。据《西域水道记》记载，20世纪20年代前，塔里木河下游河水丰盈、碧波荡漾，岸边胡杨丛生、林木茁壮。1925～1927年，国民党政府一声令下，塔里木河改道向北流入孔雀河汇入罗布泊，导致塔里木河下游干旱缺水，3个村庄的310户村民逃离家园，耕地废弃，沙化面积扩大。新中国成立后，1952年，塔里木河中游因修筑轮台大坝，又将塔里木河河道改了过来。塔里木河下游生态环境得以好转，胡杨枝重吐绿叶，原来废弃的耕地长出了青草，这里变成牧场。但之后国内兴起多次开垦浪潮，大批内地人迁入西部组成建设兵团，开展土地平整运动，塔里木河两岸人口激增，水的需求也跟着增加。扩大后的耕地要用水，开采矿藏需要水，于是，人们拼命向塔里木河要水。几十年间塔里木河流域修建水库130多座，任意掘堤修引水口138处，建抽水泵站400多处，有的泵站一天就要抽水1万多立方米。盲目增加耕地用水、盲目修建水库截水、盲目掘堤引水、盲目建泵站抽水（简称“四盲”），终于将塔里木河抽干了，塔里木河由60年代的1321km萎缩到1000km，320km的河道干涸，以致沿岸5万多亩①耕地受到威胁。1962年湖水减少到660km^2，断了水的罗布泊马上变成一个死湖、干湖，到70年代完全消失。罗布泊干涸后，周围生态环境马上发生巨变，草本植物全部枯死，防沙卫士胡杨树成片死亡，沙漠以每年3～5m的速度向罗布泊推进，很快和广阔无垠的塔克拉玛干沙漠融为一体。② 罗布泊从此成了寸草不生的地方，被称作“死亡之海”。曾经牛马成群、绿林环绕、河流清澈的生命绿洲，现已成为一望无际的戈壁滩，没有一棵草、一条溪，夏季气温高达71℃。天空不见一只鸟，没有任何飞禽敢穿越。

（二）黄河流域

黄河流域的范围涉及青海、四川、甘肃、宁夏、内蒙古、陕西、山西、河南、山东9个省（自治区），总面积300多万平方千米，总人口3.9亿（刘宁，2008）。黄河流域资源丰富，开发历史悠久，但如今的黄河带给我们的却是不尽的忧虑和沉痛的反思。几千年来，许多地区由于滥垦、滥牧、滥伐等恶性开发与粗放经营，造成黄河流域生态环境持续恶化。

黄河流域生态环境的恶化主要体现在：①环境承载严重超负荷。黄河流域

① 1亩≈666.7m^2

② 吴刚.2001.罗布泊，消逝的仙湖.http://baike.baidu.com/view/40009.htm［2012-07-16］

的工业主要以能源工业为主，包括煤炭、电力、石油和天然气、水泥、有色金属等，且重点分布在流域中上游地区，流域内煤产量占全国煤产量的一半以上，石油产量约占全国的1/4，铅、锌、铝、铜、铂、钨、金等有色金属冶炼工业以及稀土工业也在全国占有较大比重。②水土流失严重。京藏高速沿线从宁夏中卫到甘肃白银、兰州、青海西宁一线的沿线及周边区域的水土流失严重到了极点。黄土高原及鄂尔多斯高原（黄土高原地区）总面积64万km^2，其中水土流失面积43.4万km^2。黄河下游的汶河流域及沿黄山丘地区还有水土流失面积0.6万km^2。③土地荒漠化。我国土地荒漠化的地区基本分布在黄河中上游流域，全国荒漠化土地面积达262万km^2，占国土总面积的27.3%，并且正以每年2460km^2的速度扩展，每年造成的经济损失达540亿元。广种薄收、粗放经营是直接导致水土流失严重、土地沙化、生态环境恶化的主要根源[①]。④水资源面临的形势日趋严峻。随着城镇化发展和人口的不断增长，人水矛盾加剧了水污染，流域排污量逐渐增加，河流水环境污染不断加重。2011年，全流域废污水排放量为45.25亿t，其中城镇居民生活、第二产业、第三产业分别为11.88亿t、29.55亿t、3.82亿t，分别占26.3%、65.3%和8.4%[②]。黄河流域污染已形成点源与面源污染共存、生活污染和工业排放叠加、各种新旧污染与二次污染相互复合的严峻形势，废污水排放量比20世纪80年代多了一倍，达44亿m^3，污染事件不断发生，黄河中下游几乎所有支流水质常年处于劣五类状态，支流变成“排污沟”。从青海，经甘肃、宁夏，至内蒙古，黄河沿岸能源、重化工、有色金属、造纸等高污染的工业企业林立，产生出了包括COD（化学需氧量）、氨氮、重金属及挥发酚等在内的大量污染物[③]。⑤水生物濒临灭绝。20世纪50年代兰州雁滩滩边遍布红柳、芦苇，栖息斑头雁、高原山鹁等十几种水鸟，如今这些鸟种已没有了踪迹。60年代初，黄河甘肃段生长的鱼类大大减少，有些已经绝迹。就连兰州人引以为自豪的兰州特产青白石白兰瓜，近年来也因浇了受污染的黄河水而品质下降[④]。

（三）田纳西河流域

田纳西河位于美国东南部，发源于阿巴拉契亚山的西坡，流经弗吉尼亚、

① 参见人民网，黄河流域及周边生态遭严重破坏，恢复建设迫在眉睫，http://home.hebei.com.cn/xwzx/jygb/hjbh/201005/t20100511_1588146.shtml，2010年5月11日

② 中华人民共和国水利部.2012.黄委发布《2011年黄河水资源公报》.http://www.mwr.gov.cn/slzx/sjzsdwdt/201211/t20121122_333349.html [2012-11-22]

③ 参见凤凰网，中国严重污染七大河流，89%的饮用水不合格，http://news.qq.com/a/20100513/001255.htm，2010年5月13日

④ 参见大连日报，母亲河“纯洁”难保，2004年

北卡罗来纳、佐治亚、阿拉巴马、田纳西、肯塔基和密西西比 7 个州，汇入俄亥俄河，注入密西西比河。全长 1050km，流域面积 10.5 万 km^2。流域内地形起伏，河床落差较大，因而水能资源十分丰富。田纳西河流域开发较早，18 世纪下半叶就有较为发达的农业，流域内盛产棉花、马铃薯和蔬菜，并有大片牧场。当时河流两岸到处是茂盛的原始森林，田纳西河水量也较平稳，是一个山清水秀、土地较肥沃的地区。但自 19 世纪后期以来，过度开垦、肆意砍伐森林、掠夺式开采矿物资源等，引起了严重的水土流失，洪水泛滥，田园荒芜，人口外流。丰富的水电资源得不到开发利用，电力严重缺乏，甚至连农村的照明用电都难以满足，严重制约着流域的经济发展。由于河水落差大，急流多，依靠天然河道，内河航运能力不大，严重影响流域内外的经济联系，使该流域成为全美最贫困的地区之一。1929 年，美国爆发了全国性经济危机，这对田纳西河流域无疑雪上加霜，到 1933 年全区居民的年平均收入仅 100 多美元，约为全国平均值的 45%（黄国庆，2011）。

当时新任美国总统罗斯福为摆脱经济危机的困境，决定实施“新政”。“新政”为扩大内需开展的公共基础设施建设，推动了美国历史上大规模的流域开发，田纳西河流域被当做一个试点，即试图通过一种新的独特的管理模式，对其流域内的自然资源进行综合开发，达到振兴和发展区域经济的目的。为了对田纳西河流域内的自然资源进行全面的综合开发和管理，使其成为一个具有防洪、航运、发电、供水、养鱼、旅游等综合效益的水利网，1933 年美国国会通过了“田纳西流域管理局法”，成立田纳西流域管理局（Tennessee Valley Authority，TVA）。

TVA 成立后，由总统直接领导，拥有规划和开发、利用、保护流域内各种资源的权力。美国国会要求 TVA 用筑坝来“驯服这条河流”，通过防洪、疏通航道、发电、控制侵蚀、绿化，以及促进和鼓励使用化肥等，发展经济。按照这种指导思想，TVA 对全流域进行了统一的规划，制定了合理的流域开发建设程序。在综合利用河流水资源的基础上，结合本地区的优势和特点，强调以国土治理和以地区经济的综合发展为目标。不断调整和充实规划内容和重点，从初期以解决航运和防洪为主、结合发展水电到进一步发展火电、核电，并开办了化肥厂、炼铝厂、示范农场、良种场和渔场等，为流域农工业的迅速发展奠定了基础。在开发治理中，把握住了流域发展最关键的环节——水坝建设，从而规范了流域水资源，解决了洪水控制、航运、水能开发和工业、农业、旅游业、城镇发展等问题，为摆脱贫困、实现流域经济振兴奠定了基础。这种资源开发管理模式，促使了田纳西河流域社会经济大发展，也改善了当地的生态环境，被誉为“田纳西奇迹”。同时田纳西模式也成为流域综合开发的典范。

经过50年的综合治理，田纳西河流域已发展成为一个工农业较为发达的地区。城市人口大幅度增加，大量农村劳动力转移到制造业、商业和服务业等行业。数据统计显示，1933～1984年，农业就业人口从62%下降到5%，近50%的人口都转入第二、第三产业，极大促进了当地经济结构升级（黄园淅等，2011）。

（四）莱茵河流域

莱茵河发源于欧洲南部的阿尔卑斯山，全长1320km，流域面积18.5万km^2，流经9个国家。其中德国境内流域面积最大，其次是瑞士、法国和荷兰。莱茵河是具有历史意义和文化传统的欧洲大河之一，是世界著名的人口、产业和城市密集带，是世界上最发达的工业经济区域之一。该流域集中了世界上许多的重要产业部门，如钢铁、石化、电力、建材、机械、电子等。据资料统计，现有1/5的世界化工产品是莱茵河沿岸生产的[①]。

莱茵河流域之所以能够成为人口稠密、工商业发达、城市密集、开发度极高的地区，原因虽然是多方面的，但充分发挥河流水资源的优势，特别是依靠发达的航运事业发展对外贸易，无疑是重要原因之一。为了弥补流域资源缺乏、品种不全的缺陷，进口海外资源，扩展国际市场，发展本流域经济，荷兰、德国等流域各国非常重视发展航运事业，并把航运目标作为莱茵河水资源多目标综合开发的首要目标。莱茵河流域以河流（尤其是航运）为中心的开发虽然达到了相当高的水平，但也带来了严重的污染问题，特别是河流水质污染已成为沿河居民最忧虑的问题。中世纪至20世纪70年代，人们在莱茵河修筑了很多大坝、水电站一类的水利工程，农业、城市化和航运等人类的干扰使得莱茵河出现了许多问题。

农业、城市化等带来的直接后果是侵占了莱茵河的洪泛区，直接破坏了河流生态系统。人为干扰影响了沿河地带的水循环正常运转，同时也带来了污染。城市生活和工业废水的污染使莱茵河内的氮磷含量升高，农业使用的各种杀虫剂、除草剂和化肥的污染随风飘散。在第一个千年结束之际，西欧的人口增长迅速。为了生产更多的水稻和小麦，人们开始围垦、排干三角洲的湿地。在沼泽地区由于人们挖沟排出该地区的水，使得原本高于海平面2～3m的低地由于地下水面的下降、泥炭被氧化而引起地面沉降。从公元900年到现在，莱茵河三角洲地面共下降了近6米。在1100年由于地面下沉，在海水涨潮时沿海地区开始发生洪水威胁。在人为原因引起地面下沉的同时，海平面的自然上升使得

---

① 内河航道分会．2010．莱茵河．http：//www.cjhdj.com.cn/main.do？method＝item&id＝17915 [2012-07-16]

排干湿地的后果更加凸显。1919 年《凡尔赛条约》开始批准法国利用莱茵河上游的水电潜能。1928 年号称“现代莱茵河延伸”的莱茵河旁侧河道开始动工，其作用是航运和发电。而旧有河道的流量仅剩 20～30m^3/s，其严重后果是野生生物和农作物受到巨大伤害和破坏。随着旁侧河道的修建，水面下降问题变得更加严重。为了减少对水面下降的影响同时不减弱发电潜力，德国计划是建筑四条旁侧河道，每条河道均有带一台发电机的水坝和船闸，好处是河水在经过发电水坝后又回到原主河道。这一措施使得下游河道得不到沉积补充，水坝以下河床严重下降。弥补这个问题的措施是在最后的旁侧河道——莱茵河本身的下游再建坝。当 1977 年莱茵河上最后一个大坝在德国易菲采姆建成后，人们采用了砾石填充以弥补河床的降低。此时莱茵河床每年丧失 170 000m^3物质。

直到 20 世纪 50 年代初莱茵河还很清澈，人们可以在河里游泳、钓鱼。但 50 年代末，欧洲经历了高速的工业发展阶段，德国也开始了大规模的战后重建工作，大批能源、化工、冶炼企业同时向莱茵河索取工业用水，同时又将大量废水再排进河里，导致莱茵河水质急剧恶化，一度成为“欧洲最浪漫的臭水沟”。1950 年，大马哈鱼开始死亡；1971 年，在德国境内，长达 200km 的河段，鱼类完全消失。莱茵河谷城市附近河水中溶解氧几乎为零，莱茵河失去了原来的风采。河水污染还让旅游业、葡萄酒业也遭受重创。当时在莱茵河许多经营酒厂的企业连酿造葡萄酒的水也必须从国外进口。莱茵河不仅失去迷人的风采，而且也成为世界污染最严重的河流之一，被称为“欧洲下水道”“欧洲厕所”①。

为了使莱茵河重现生机，1963 年，包括德国在内的莱茵河流域各国与欧洲共同体（现为欧盟）代表签订了合作公约，成立了莱茵河污染防治国际保护委员会（International Conference On Pattern Recognition，ICPR），奠定了共同治理莱茵河的合作基础。ICPR 成立后，人们逐渐建立起全局化、整体化的保护措施，并不再单纯依靠工程技术进行管理。这种治理过程并非一帆风顺，付出的代价也相当昂贵。从 1980 年到 2005 年，莱茵河流域的治理投入了 200 亿到 300 亿欧元。今天，莱茵河已经由 70 年代“欧洲最浪漫的臭水沟”变成世界上各大河流生态修复的成功榜样。

莱茵河流域经济区的成功经验包括三点：首先，跨行政区域整合管理，城市经济互为补充。在莱茵河流域中，共有 10 余个不同国家的城市，但是由于布局合理，城市定位和发展方向各有侧重，不仅没有成为恶性竞争的对手，反而互为补充，形成了世界上最发达的四大城市群之一。其次，大力发展循环经济。

① 湖南日报．2006. 欧洲治河启示湘江．http：//hnrb. hnol. net/article/20061/2006113725413745224. html［2012-07-16］

在莱茵河流域中，曾经丰富的资源给这个区域的经济带来了无尽的动力。然而随着煤炭逐渐枯竭，莱茵河流域的国家开始认识到循环经济的重要性，尤其是德国，率先发展了循环经济。制定严格的垃圾回收利用法律，并严格执行；运用市场机制调节，采取双元回收系统，实行生产者责任扩大制度，推动企业技术改造。再次，大力发展生态产业。为了治理莱茵河水污染，1963 年，包括德国在内的莱茵河流域各国与欧洲共同体代表，在保护莱茵河国际委员会范围内签订了合作公约，奠定了共同治理莱茵河水污染的合作基础。ICPR 制定了相应法规，对排入河中的工业废水强行进行无害化处理，为减少莱茵河的淤泥污染，还严格控制工业、农业、生活固体污染物排入莱茵河，违者罚款，罚金 50 万欧元以上。ICPR 下面设置若干个专门工作组，分别负责水质监测、恢复重建莱茵河流域生态系统，以及监控水污染源等工作（宁立苗，2011）。

国内外流域开发的过程，可谓一个经济社会获得高度发展与生态环境遭到严重破坏并行的过程。流域的生存与发展无一不建立在破坏生态环境、污染水源为代价的基础之上，甚者就是流域本身的消失（如罗布泊）。随着流域经济的不断发展，生态环境问题也日益严峻，迫切需要树立可持续发展观，实现经济社会环境的协调发展。

二、国内传统经济发展模式

中国现代化进程是在温饱没有解决、积累有限、人均资源非常匮乏中起步的。新中国成立伊始，在东西方阵营对峙的冷战格局下，中国为了实现经济赶超采取了全民动员型经济发展方式，并相应建立了计划经济体制。在这种体制下，通过增加劳动力的投入、依靠劳动生产率和利润率高的第二产业的外延型扩张、大量使用新技术、建立先进工业部门发展经济。尽管从 1949 年新中国成立到 1978 年改革开放这段时间，某些年份经济出现了严重的衰退，但总体而言，这 30 年经济增长还是取得了不小的成绩。这一时期按可比价格计算的社会总产值、工农业总产值和国民收入的年均增长率，分别达到 7.9%、8.2%和 6%（马洪，1982）。

可是，从经济学的角度看，这种增长是一种相当粗放的经济增长。由于是粗放增长，为了提高产出水平就不计成本地大量投入各种生产要素来进行生产。在此期间，中央通过权力下放和群众运动的方式，来加速工业化，即“全党大办工业”“全民大办工业”“农、轻、重并举”“大、中、小并举”。一方面，在农业部门，期望通过投入大量劳动力来搬运数量空前的泥土和岩石以建造大坝、灌溉渠及其他形式的农业设施而提高农业的产出。另一方面，号召人们节衣缩食以不断提高积累率，而为生产性投资准备更多的资金。在投资方面，则期望通过对重工业持续的高比例投资来促进工业产出水平的提高。不计成本的高投入确实可以促进经济的增长，但这种经济增长却是以损失要素利用效益为代价的（杨德才，2009）。这种方式被经济建设中大搞“大跃进”的失败历史证明是行不通的。1958 年的全民大炼钢铁运动，使得经济效益全面下降，生态环境遭到严重破坏。

1978 年改革开放后，中国实现了体制转变与经济发展的良性互动，并在这一过程中形成了低端加工型经济发展方式，成功融入世界市场。由于制度变革的体制效益推动、政府继续大规模投入、民间资本投入和引进外资，内涵型和外延型增长并驾齐驱，中国经济 30 多年来持续高速增长，年平均经济增长速度在 9%以上，被世人誉为“经济增长奇迹”。一方面，农村联产承包责任制的实行，多种经济成分并存发展格局的形成，市场经济制度的确立，高新技术和高科技产业的迅速成长，大量农民向非农产业转移，都使得经济发展具有内涵型发展的性质。另一方面，大量技术含量低、耗能高、污染大的企业数量猛烈膨胀，并形成过度竞争。因部门和地区利益导致的国家投资重复建设、为吸引外资而竞相降低资源价格和环保门槛，导致企业数量增加和工业的外延型扩张（刘方健和史继刚，2010）。主要表现在 1994 年的财税改革，即分权制和财政分灶吃饭，地方政府主要负责人的任命制和以 GDP 的增长为主要考核指标在地方政府之间引入了竞争机制，这种竞争随着各种生产要素的流动性日益增大而加剧。地方政府间的激烈的行政竞争推动了地区间的经济竞争，各级地方政府不惜一切手段追求 GDP。虽然我国这种以行政区为主体推进经济发展的方式在发展效率上有巨大的优势，但是地方政府为了在短时间内把 GDP 做得最大，最有效的办法是粗放经营和重复建设。地方政府不适当地扮演着市场主体的角色，并非以成本与效率的比较作为项目选择的标准，并且由于缺乏相应的人格化的产权约束，难以对资源约束做出灵敏的反应，盲目扩张、盲目投资在所难免（李义平，2007）。可以说，中国地方官员的晋升锦标赛是中国粗放和扭曲型经济增长的制度根源之一（周黎安，2007）。

粗放的经济增长致使中国的环境问题日趋严重。大江大河源区生态环境质量日趋下降；水生态严重失衡；北方沙尘暴频发；土地退化严重；旱涝灾害频发；湿地面积减少、功能退化；森林质量不高，生态调节功能退化；生物多样性减少，资源开发活动对生态环境破坏严重。而且，随着经济社会的进一步发展，贫富悬殊、城乡和地区差距拉大、社会矛盾加剧、生态环境恶化等问题，严重影响了经济社会的和谐发展。而这一切，越来越呈现出流域性特征，并且环境与发展的矛盾日益加剧。究其原因，一是社会经济的快速发展产生的资源环境压力逐步扩大，各种流域环境问题不断积累。自然系统的生态、环境、径流量等因子遭到日趋严重的破坏。工农业污水和生活污水的大量排放，从江河湖泊被污染到地下水污染、酸雨等，流域的污染几乎是全方位的，并直接造成流域水质的不断恶化。加上盲目追求经济利益，对资源的过度开发导致生态失衡，流域森林覆盖率逐年降低、水土流失日益严重，水旱灾害日趋频繁。二是由于流域内利益集团的日益多元化，不同利益诉求相互冲突。流域经济带是腹地范围广泛、资源富集、市场容量大的经济地带，同时也是市场分割严重、行政隶属关系复杂、计划经济体制痕迹明显的经济地带。在缺乏综合协调，局部利益驱使下，"跑马圈水"现象非常突出，导致无序开发、过度开发、不合理开发、流域产业带产业结构趋同、地区经济差异大等问题。

中国目前的环境问题，是传统经济发展方式的结果，而这种经济发展方式又是特定发展阶段的产物。传统的经济发展模式是一种单向的、线性的、非循环的过程：从自然界获取资源，经过经济系统的加工生产出产品以供消费，废弃物排放到生态环境中，不再进入生产过程。在整个投入产出关系上，形成"高投入、高消耗、低效率、高污染"的特征，经济学家们将这种生产模式归纳为一个公式：资源—产品—废弃物。日趋严重的环境问题预示着我们，这种模式已不可能继续下去。

面对未来，中国经济要实现跨越式发展，转变经济发展模式，缓解资源能源和环境的瓶颈制约，已是迫在眉睫的议题。从发展的战略全局看，调整经济结构，改善产业发展模式，改变低技术水平产业并存的工业结构，构建生态产业，实现可持续发展，是我国实现经济持续快速协调健康发展和构建和谐社会的必然选择。

因此，由共同利益纽带形成的完整的利益共同体的流域经济带，作为我国经济发展较快的区域，自然而然地也成为遭遇新情况、新问题和新矛盾最多的区域，其发展呼唤流域内每一个利益集团的共同的重视，流域内某一利益的消长影响着整个流域的全局利益。应对新形势下各种层出不穷的区域性重大问题，在保护资源进行可持续发展的基础上发展流域产业带的经济，需要流域产业带的多边多级政府能够摆脱"囚徒博弈困境"，建立起及时高效的信息沟通和协商机制。各地政府必须理顺层级关系，明晰事权，在中央政府的宏观调控的指引下，在严肃的政策法规的约束下，规范流域产业带地方政府间和地方政府与中央政府间的利益协调机制。这才是解决流域问题，保护资源，减灾防涝，造福于民的根本之道。

三、生态功能区与主体功能区

我国是一个人地矛盾十分突出、资源不足且空间分布不均衡，区域经济发展水平相对落后且发展极不平衡的发展中大国。随着经济的快速增长，资源环境、空间开发秩序和地区发展不平衡问题日益突出，严重影响到经济社会的可持续发展。

《全国生态功能区划》是在全国生态调查的基础上制定的全国生态功能区划，主要分析区域生态特征、生态系统服务功能与生态敏感性空间分异规律，确定不同地域单元的主导生态功能。对贯彻落实科学发展观，牢固树立生态文明观念，维护区域生态安全，促进人与自然和谐发展具有重要意义。

全国生态功能一级区共有 3 类 31 个区，包括生态调节功能区、产品提供功能区与人居保障功能区。生态功能二级区共有 9 类 67 个区。其中，包括水源涵养、土壤保持、防风固沙、生物多样性保护、洪水调蓄等生态调节功能区，农产品与林产品等产品提供功能区，以及大都市群和重点城镇群人居保障功能。生态功能三级区共有 216 个。

2006 年下半年国家发展和改革委员会又适时提出了全国主体功能区划问题，将我国国土资源划分为优先开发区、重点开发区、限制性开发区和禁止开发区四大类。推进形成主体功能区，就是要根据不同区域的资源环境承载能力、现有开发强度和发展潜力，统筹谋划人口分布、经济布局、国土利用和城镇化格局，确定不同区域的主体功能，并据此明确开发方向，完善开发政策，控制开发强度，规范开发秩序，逐步形成人口、经济、资源环境相协调的国土空间开发格局。

推进形成主体功能区成为国家“十一五”规划纲要的一个重大战略。从 2006 年年底提出《全国主体功能区划规划（草案）》到 2007 年年底前编制完成并报国务院审议，在 2007 年 7 月国务院办公厅就下发关于编制全国主体功能区规划的意见，足以显示中央对主体功能区规划工作的高度重视。2009 年温家宝总理在政府工作报告里又提出，加快重点地区优先开发，促进矿产资源枯竭型城市经济转型。抓紧研究制定中西部地区承接产业转移的具体政策，制定和实施全国主体功能区规划。主体功能区规划是在区域发展中贯彻落实科学发展观的重大战略举措，是促进区域协调发展的一个新思路，对于实现经济社会发展空间优化、分类指导、优化区域开发、保护生态环境、缩小区域差距，实现可持续发展，具有重要意义。

主体功能区最大特点在于其服务于人与自然的协调发展，这充分体现了科学发展观和生态文明建设思想。主体功能区划统筹考虑区域国土、城市、产业、生态环境等领域，制定目标一致、空间统一的发展战略，避免了过去不同规划间有矛盾和不协调的问题。同时，主体功能区规划也成为与实施我国经济发展战略互为依托、相互促进的重要举措。主体功能区划分转变以追求 GDP 增长为核心的发展观，树立可持续发展观；转变地方政府各自为战和空间无序开发，促进区域协调发展；转变粗放型经济增长方式，促进科学发展；转变产业投资政策与区域政策脱节，促进不同主体功能区分类指导；转变空间规划和空间治理方式，建立全面、协调、统一的发展规划。

主体功能区规划是在空间布局上落实科学发展观，统筹谋划未来人口分布、经济布局、国土利用和城镇化格局的重大举措，对形成人口、经济、资源环境相协调的基本格局，促进区域协调发展，实现资源节约和环境保护，推动生态文明建设具有十分重要的战略意义。从长远意义上看，它与生态文明建设目标不谋而合。由此可见，主体功能区规划指导思想、原则、目标都是以科学发展观为指引，遵循生态文明建设思想，与生态文明建设战略互为依托，并成为生态文明建设战略的重要内容和组成部分。

在主体功能区规划指导下，国家在建设生态文明时必须紧密结合国家主体功能区规划纲要，同步规划、同步实施、同步评价，制定国家宏观区域生态文明建设规划纲要；相关省级行政区在制定生态文明规划纲要的同时，要建立与周边省区市联动机制，推动跨界区域的生态文明建设。打破省与省、市与市、县与县、乡与乡之间的行政分割，促进跨界自然保护区、跨界河流流域、跨界生态脆弱区经济有效发展。

四、生态文明的提出

2007年党的十七大提出建设生态文明，是根据我国国情、顺应社会发展规律而做出的重要决策，是对人类文明发展理论的进一步丰富，是国家治国理念的新发展。它体现了我国对新世纪发展阶段性特征的科学判断和对人类社会发展规律的深刻把握。

生态文明的提出，涉及生产方式、生活方式和价值观念的变革，是不可逆转的发展潮流，是人类社会继农业文明、工业文明之后进行的一次新选择，是人类文明形态和文明发展理念的重大进步。它将通过多种渠道对人类社会的生存和发展进行重大的引导和调整，进而指引我国走上科学发展的轨道。

生态文明，从广义角度看，是指人们在改造物质世界，积极改善和优化人与自然、人与人、人与社会关系，建设人类社会生态运行机制和良好生态环境的过程中，所取得的物质、精神、制度等方面成果的总和。这是实现人类社会可持续发展所必需的社会进步状态，是人类社会继工业文明之后出现的一种新型文明形态，是人类文明发展的新阶段。它涵盖了全部人与人、人与社会和人与自然关系，以及人与社会和谐、人与自然和谐的全部内容。从狭义角度看，生态文明是与物质文明、精神文明和政治文明并列的文明形式，重点在于协调人与自然的关系，强调人类在处理与自然关系时所达到的文明程度，核心是实现人与自然和谐相处、协调发展。在与物质文明、精神文明、政治文明共同构成的现代文明体系中，生态文明更具有基础性和普遍性。

生态文明基本要求包括如下四点：一是人与自然和谐相处，二是经济的持续发展，三是提倡并实行健康有益的消费模式，四是构建和谐的社会人际关系。因此，生态文明建设不仅仅是一种政治发展理念，更是一项系统工程，涉及政治、经济、文化、传统、道德、伦理、教育等各子系统建设。生态文明是人类社会发展的必然要求，其根本点就是要实现生产发展，生活富裕和生态良好的高度和谐与统一。

生态文明被写入党的代表大会报告，是马克思主义关于人与自然辩证关系和生态哲学理论的新突破，是我国环境保护工作发展史上的里程碑，是中国特色社会主义理论体系的又一创新，是我党对落实科学发展观、深化全面建设小康社会目标提出的更高要求。生态文明建设由此成为助推中华民族伟大复兴和中国特色社会主义理论体系的创举。

综上所述，国内外流域发展历史及国内传统经济发展模式为构建乌江流域生态产业积累了经验。而生态功能区与主体功能区及生态文明的提出，在思想方针层面统领了乌江流域生态产业的构建，对于我国江河流域生态屏障区而言既是挑战，又是千载难逢的机遇。因此，乌江流域地区要缩短与发达地区的经济发展水平的差距，就必须在发展地方经济的同时，将“保护环境、发展经济”并举。保护环境不是目的，而是手段。乌江流域保护和发展环境的关键，不在于是否争取国家和地方在环境保护方面的投入多少，而在于从现在开始，是否在流域内制定切实可行的生态产业规划，将第一、第二和第三产业高度有机融合并，构筑大“循环型”生态产业的发展模式、途径及制度安排。我国生态文明建设战略目标的全面实现，重点在我国广大农村地区，难点在西部广大农村的民族地区，而乌江流域是西南地区典型的贫困、民族区域，因此，本书对于推进我国生态文明建设具有较好的典型性和代表性。

第二节　三峡库区与乌江流域生态环境现状

乌江流域地区特有的自然地理条件、历史文化背景和社会经济发展过程使其成为三峡库区经济、社会、环境又好又快发展的关键攻坚区域。作为长江上游和三峡库区最重要的生态屏障区之一，乌江中下游生态产业建设成为区域实现生态文明建设战略的重要路径。乌江中下游民族地区生态产业体系建设，是乌江流域—三峡库区和长江上游地区实施物质文明、精神文明、政治文明和生态文明四大文明系统建设、实现“两型”社会的重要基础之一，是推进西部地区又好又快发展、推进西部民族地区两型社会顺利建设的重要基石。

一、三峡库区生态环境现状

（一）三峡库区地理位置

长江三峡水库淹没涉及湖北宜昌、秭归、兴山、巴东和重庆巫山、巫溪、奉节、云阳、万州、开县、忠县、丰都、石柱、涪陵、武隆、长寿、渝北、巴南、重庆市区和江津市共 20 个县（市、区）。库区范围为东经 105 044″～111 039″，北纬 28 032″～31 044″，总面积 5.67 万 km^2，其中淹没陆地面积 600km^2。三峡库区及其上游区范围包括四川宜宾到湖北宜昌的长江干流江段，并汇集了上游区四川、云南、贵州三省岷沱江、金沙江、嘉陵江、乌江几大流域来水，总面积 79 万 km^2。

（二）自然环境概况

三峡库区处于我国地势第二级阶梯的东缘，全国地貌区划为板内隆升蚀余中低山地。库区地貌明显受地层岩性、地质构造和新构造运动的控制，以奉节为界，分为东西两大地貌单元。奉节以东，区内地貌以大巴山、巫山山脉为骨架，奉节以西属四川盆地的东部，库区微地貌形态多种多样，主要为山地受流水地质作用和重力地质作用改造的产物，如冲沟、洪积扇、倒石堆、滑坡体等。三峡库区地处亚热带季风气候区，气候温和湿润，空气湿度大，降雨充沛，平均气温高。库区降雨时空分布不均，具有时、空、强的相对集中性。库区降雨充沛且多暴雨的气候，是库区崩滑地质灾害多发的主要诱发因素之一。库区河段流量丰沛，变化幅度大。

（三）河流水系

三峡库区及入库水系主要包括金沙江水系、岷沱江水系、嘉陵江水系、乌江水系等。

金沙江，长江上游干流的一段，起自青海玉树巴塘河口，至四川宜宾岷江口止。流经青海、西藏、四川、云南 4 省（自治区），全长约 2290km，约占长江上游干流河长的 2/3。自玉树巴塘河口至宜宾岷江口的区间集水面积 36.23 万 km^2，约占长江上游流域面积的 36%；落差 3300 余米，平均坡降 1.45‰。

岷江，长江上游支流，在四川中部。发源于岷山南麓，流经松潘、汶川等县，到灌县出峡，分内外两江到江口复合，经乐山接纳大渡河，到宜宾汇入长江。全长 793km，流域面积 13.35 万 km^2。流经的四川盆地西部是中国多雨地区，因此水量丰富，年径流量 900 多亿 m^3，为黄河的两倍多。水力资源蕴藏量占长江水系的1/5。

沱江，长江上游支流，在四川中部。发源于九顶山南麓，南流至金堂县赵家渡后称为沱江。经简阳、资阳、资中、内江等地，在泸州市注入长江。长655km，流域面积28 000km²。

嘉陵江，长江上游支流，是长江水系中流域面积最大的支流，流域面积16万km²，超过汉水，居长江支流之首。源头为陕西凤县西北凉水泉沟，至重庆朝天门注入长江，囊括了四川东部和重庆北部。上游河谷狭窄，水流湍急，常有滑坡、泥石流现象。中游河床平缓，水面宽阔，河曲发育。下游河道流向与四川盆地东部平行岭谷相交。峡谷陡峻，阶地河滩相间。流域内降水充沛，植被覆盖率低，水土流失严重，河水含沙量大。

（四）社会环境概况

三峡库区属于我国西部地区，整体上经济欠发达。2009年，三峡库区总人口1666.92万人，其中，农业人口1280.84万人，占总人口的比重为76.84%；非农业人口386.08万人，占总人口比重的23.16%。2010年，库区实现地区生产总值3426.26亿元。其中，2010年重庆库区生产总值为3097.72亿元，湖北库区328.54亿元。库区第一、第二、第三产业分别实现增加值390.65亿元、1972.45亿元和1063.17亿元，分别比上年增长13.23%、31.32%和15.84%。第一、第二、第三产业增加值比例为11.40∶57.57∶31.03。2010年持续18年的三峡工程大移民结束，139.76万移民安置任务全面完成，其中16万多移民远赴外省市安家。中央先后投入6亿资金培训移民就业，并逐步完善社会保障。目前库区地区生产总值增速已连续4年超过重庆全市平均水平。

（五）三峡工程现状

2007年，三峡工程综合效益进一步显现：三峡工程已开始承担初期运行期的防洪任务，为减轻长江中游防洪压力发挥了重要作用；通航能力持续增长；发电量较上年增长显著；环境效益明显，年发电与燃煤火电相比减排二氧化碳0.66亿t；枯水期向下游补水，生态效益逐渐显现。为探索三峡工程生态环境建设与保护治理的生物措施、工程措施、建设模式，以及研究水库资源配置等问题，国务院三峡工程建设委员会办公室（简称国务院三峡办）2007年启动了三峡水库消落区治理、支流水环境综合治理、支流饮用水源安全保障、库岸带生态屏障建设、农村截污、城镇截污、生物多样性保护7个生态环境建设与保护的试点示范项目，以及三峡工程生态与环境监测系统效能评估项目的“7加1”专项计划。三峡库区工业污染源废水排放量为4.74亿t，城镇生活污水排放量为4.78亿t，船舶油污水和生活污水产生量分别为50.93万t和358万t，油污水处理率为94.82%。三峡水库干流水质以达到和优于Ⅲ类为主，支流水质以Ⅳ

类为主，比上年有所好转，部分支流继续出现水华现象。三峡工程施工区和移民安置区环境质量总体情况良好。长江干、支流水体污染源的治理力度不断加大，三峡库区城镇已建成58座污水处理厂和41个垃圾处理场，日处理污水能力250万t，日处理垃圾能力11 000多吨。污水处理的“以补促提”政策得到落实，安排的专项补助资金已逐步到位，污水处理的市场化运营工作不断深入，污水处理厂运转状况趋于正常。三峡枢纽工程管理区按照“世界级水电基地，生态示范基地”的定位要求，加大了水土保持绿化、生态修复力度，各专项水环境保护项目逐步实施，全面推进了与一流工程相适应的生态环境建设。

二、乌江流域生态环境现状

（一）地理位置

乌江是长江上游右岸最大的支流，源于贵州省威宁县石缸洞，全长1050km^2，流域面积87 920km^2，包括贵州、重庆、湖北和云南3省1市56个区县。乌江流域聚居着汉、苗、土家、布依、仡佬、彝、回、侗、水、白、瑶等40余个民族，总人口3314.52万，其中少数民族1059.73万，占总人口的31.94%。乌江流域除下游一部分位于四川盆地外，其余均分布在云贵高原东北部。西以乌蒙山与金沙江支流横江——牛栏江为分水岭；南以苗岭与珠江流域西江上游红水河、北盘江为分水岭；东以武陵山与沅江为分水岭；西北以大娄山与赤水河、綦江为分水岭。

流域按省划分，涉及贵州45个市县，重庆7个市县，湖北3个市县，云南1个市县（赵万民和赵炜，2005a）。为保持县级行政区划的完整性和研究的代表性，本书研究范围集中在重庆与贵州的45个市县中进行。

（二）自然环境概况

流域总的地势是西高东低。乌江流域西部为高原，高程在2000～2400m；中部为黔中丘陵，高程为1200～1400m；东北部为低山丘陵，高程在500～800m，形成三个阶梯，东西向高差变化大，南北向则变化小。流域内主要为高原山地（面积占87%）和丘陵区（面积占10%），以及盆地及河流阶地（面积占3%）。乌江流域除海拔在2000m以上西部河源地区属温带气候外，大部分地区属亚热带季风气候。流域内地形与大气环流对气候影响较为显著。流域年降雨量一般在900～1400mm，年内分配有明显的季节性，80%的降雨量集中在4～10月份。乌江是少沙河流，流域内一般5～9月含沙量较大，10月至次年4月含沙量较小。

乌江流域长期以来人口增长、经济贫困，加上区域内山高坡陡、文化闭塞、耕作方式落后，导致了人口、粮食、能源、耕地等一系列人地矛盾，加之流域内少数民族“山不烧、牛不壮”等陈旧思想、习俗严重束缚了先进科技的推广及生态意识的提高，加剧了流域内生态环境恶化趋势。主要表现在森林覆盖率迅速降低（流域内森林覆盖率12.73%，低于川江流域森林覆盖率15.43%）；土壤侵蚀严重（流域内土壤侵蚀面积占总面积的53.52%，高于川江、珠江上游南北盘江的52%、51.12%）；水土流失加剧（流域内水土流失占流域面积的53.61%，高于长江上游50.33%和南北盘江的51.14%，更高于贵州省43.54%和珠江流域30.63%的平均水平）。水土流失和土壤侵蚀是区域内最主要的生态灾害链，也是该地区生态系统严重退化的集中表现。土地垦殖指数达到33.33%；这些指标均超过长江上游（川江流域）平均值（31.69%），也高于南北盘江（30.08%）（安和平和金小麒，1997）。因此，农业生态系统退化是影响乌江上游流域环境安全的最重要根源之一。

（三）河流水系

乌江有南、北两源：南源三岔河发源于贵州威宁县的盐仓；北源六冲河发源于贵州赫章县的妈姑。两源在贵州黔西、清镇、织金三县交界的化屋基汇合后，由西南向东北贯穿贵州省中部，流经黑獭堡至思毛坝黔渝界河段进入重庆境内，至涪陵市注入长江。

乌江水系发育，支流众多，流域流域面积在1000km^{2}以上的一级支流共有16条，其中：大于10 000km^{2}的1条（六冲河）；5000～10 000km^{2}的3条，2500～5000km^{2}的4条，1000～2500km^{2}的8条。流域面积大于1000km^{2}的二级支流有7条。乌江干流全长1037km（从南源源头算起），天然落差2123.52m。其中贵州境内河段长879.61km（包括界河段长70.63km），天然落差2036m（其中界河段落差53.22m）。

乌江干流在化屋基以上为上游，化屋基至思南为中游，思南至涪陵为下游。

上游两源流系典型的山区峡谷型河流，地处云贵高原过渡山区，流向东南，河谷深切；河道水流湍急，岩溶发育，明暗相间，其中，三岔河有伏流三段，六冲河有伏流九段；河道弯曲狭窄，枯水水面宽30～50m，多崩石堆积，唯三岔河的马场、六冲河的寄仲坝、六圭河一带河谷较开阔，阶地发育。上游段流域面积18 138km^2，占全流域的20.63%。北源六冲河有云南省汇入河流的流域面积886km^2。汇入干流的面积大于1000km^{2}的主要支流有北源支流的白甫河。中游河段区间流域面积33 132km^2，占全流域的37.72%。该区上段穿越黔中丘陵区，下段为盆地至高原斜面河谷深切区，中游河段流向北东，两岸多绝壁，河谷深切成峡谷，水面宽50～100m，宽谷较少，河道险滩众多，尤以乌江渡至构皮河段的漩塘、镇天洞和一子三滩最为险恶，为全江著名的断航险滩。中游河段内流域面积大于1000km^{2}的主要支流有8条，右岸有猫跳河、清水河、余庆河、石阡河；左岸有野纪河、偏岩河、湘江、六池河。下游思南至彭水河段流向正北，彭水以下折向北西向。该河段两岸阶地发育，人口、耕地较为集中。

思南、沿河、彭水、武隆、涪陵等县市集镇分布两岸。虽有潮底、新滩、龚滩、羊角滩等碍航险滩，但大部分河段水流平稳，河谷开阔，是目前的主要通航河段，可通行 100t 级的机动船舶，其中，重庆境内白马以下可通行 300t 级船舶。区间流域面积 36 650km²，占全流域的 41.74%，流域面积大于 1000km² 的支流有 7 条，右岸有印江河，甘龙河（由重庆流入贵州后汇入乌江），以及重庆、湖北境内入濯河（唐岩河），郁江；左岸有洪渡河、芙蓉江（流入重庆后汇入乌江）和重庆境内的大溪河等。各河段情况如表 1-1 所示。

表 1-1 乌江干流分段特征表

分段	起讫地点	区间流域面积 /km²	累计流域面积 /km²	河长 /km	天然落差 /m	比降 /‰	备注
上游	南源～化屋基	7 264	7 264	325.6	1 398.5	4.29	三岔河
	北源～化屋基	10 874	10 874	273.4	1 293.5	4.73	六冲河
中游	化屋基～思南	33 132	51 270	366.8	503.7	1.37	
下游	思南～涪陵	36 650	87 920	344.6	221.3	0.64	
全河	南源～涪陵	87 920	87 920	1 037	2 123.5	2.05	

资料来源：贵州省水电局．2008．贵州乌江水电开发环境影响后评价报告

（四）区域地质

乌江流域地处世界三大连片喀斯特发育区之一的东亚片区中心，具有典型的喀斯特山地流域地貌。且处于云贵高原向湘西丘陵过渡地带，地势由西南向东北逐渐倾斜，东西向高差大，南北向高差较小，下游部分已进入四川盆地的东部边缘，呈现一个由西南向东北变化明显的梯级大斜坡。流域内大致分为三个大梯坡，即西部高原 2000～2400m、中部丘原 1200～1400m、东北部低山丘陵 500～800m。流域呈狭长羽翼状，长约 650km，宽约 135km，流域内高原山地面积 87%，丘陵区占 10%，盆地及河流阶地仅占 3%。区内地层除了白垩系外，其余各系均有分布。出露地层以三迭系、二迭系和寒武系为最广。碳酸盐类岩石分布面积占 70%以上。流域内多数地区岩溶发育，地形复杂（赵炜，2008）。

由于地壳大面积间歇性抬升，本区地貌具有明显的层状发育特点，可划分为大娄山期地面、山盆期地面和乌江期峡谷。区内构造较为复杂，流域中部主要为南北向构造体系，即集中分布在正安至贵定一线两侧的褶皱断裂带，东部主要为新华夏构造体系，由北东向的平行褶皱和压扭性断层组成，流域西部为黔西“山”字型构造。在干流上游三岔河一带，尚存北西向构造。

流域内岩溶是控制水文地质特点的主要因素。由地貌控制的地下水动力分布的特点：河谷地带地下水垂直与水平循环交替强烈，山盆期地下水以水平循

环为主，大娄山期地貌区以垂直循环为主。由于碳酸盐类岩层与非碳酸盐类岩层相间分布，切断了各岩溶岩组间的水力联系，为选择水库和水工建筑物地址提供了条件。乌江河谷两岸多为悬崖峭壁，岩石节理裂隙较发育，常有巨石崩坍，由此形成很多急流险滩。

（五）社会环境概况

乌江流域有悠久的历史，它是古代西南少数民族迁徙的重要通道和文化传承的重要地区，巴、鳖、夜郎等古国曾在流域内建都，是长江流域古代悬棺藏俗流传后期的重要地段和分布密集的地区，也是当代土家族、苗族、仡佬族等少数民族聚居文化遗存的重要地区，还是重要的革命纪念地。然而历史上的乌江流域的社会环境总是持续着封闭、贫穷、落后的局面，至今，这里仍然属于我国相对贫困的地区。流域内的社会、经济、文化水平总体较低，又陷入了生态环境恶化的困境，人与资源环境的矛盾极为突出，可持续发展的产业建设面临诸多难题。

三、三峡库区与乌江流域的互动发展

乌江流域发展与三峡库区发展紧密相关，二者经济区位和生态环境方面的紧密联系决定了乌江流域必须与三峡库区协调发展。从整个国家经济发展宏观布局来看，三峡工程建设的重要作用之一是将中国的经济发展由沿海扩散到内陆，以长江为轴发展三峡库区经济，并以此为核心，向纵深地域推进城镇化的辐射和影响，从而逐步改变整个地区贫穷落后的面貌。反之，包括乌江流域在内的与三峡库区紧密联系的区域，必须重视三峡工程建设带来的各种影响，并以三峡库区大投资、大建设的发展机遇为跳板，通过经济起飞、生态恢复，最终达到改善区域发展水平，获得地区可持续发展的根本目的。

乌江流域发展与三峡库区发展的相互关联可以分为两个层次：一是乌江流域现重庆辖区内的彭水县、酉阳县、黔江区、秀山县等区县与三峡库区的相互关联；二是三峡库区与包括乌江中上游贵州部分在内的整个乌江流域的相互关联（赵万民和赵炜，2005b）。属于前一个层次的区县距离三峡库区较近，隶属于重庆辖区，与库区的联系更为直接。三峡工程建设的大量综合投入，水陆交通、通信设施的大发展使得库区城镇与重庆都市发达经济圈之间、库区城镇之间的联系较以往大大增强，同样，无论从政治、经济、文化、生态各方面来看，位于渝东南的乌江流域区县与整个三峡库区的联系也更为密切。重庆市政府对重庆的经济区划分，将涉及三峡库区和与之具有很强相似性的武陵山区和大巴山区部分地区共同划入“三峡库区生态经济区”，乌江流域位于渝东南的几个区县均被涵盖在内，说明这些区县的自然及经济地理特征和经济社会发展现状，以及将来的劳动地域分工和区域经济发展地位，都与三峡库区息息相关。属于第二个层次的关联容易受到忽略。这与整个乌江流域广大的贵州部分与三峡库区分属不同的省级行政区有关。乌江流域发展与三峡库区发展的关联首先基于长江干流和支流之间的生态环境相关性。三峡工程的首要任务是防洪，支流的洪水若与干流洪水相叠加会陡然增加洪水控制的难度，这是环境相关的一方面；另外，支流流域的环境污染和水土流失造成的影响，将使三峡成库后的水质问题、泥沙淤积问题变得更为敏感。乌江流域作为三峡库区上游的重要河流，又处于生态环境较为脆弱的喀斯特地区，其在三峡库区甚至长江流域生态环境保护中占有重要地位。"长防""长治"等生态保护工程的大量投入，已经为乌江流域，尤其是上游毕节、六盘水等地被严重破坏的生态环境付出代价。乌江中游及重庆段水质较差，主要是乌江中游地区的贵阳等地市生活污水基本未经处理直接入江，造成中游水体污染严重。乌江下游流域内的三峡库区生态经济区的部分区县在重庆市境内，近几年重庆经济的快速发展带动了这些地区的经济发展的步伐，工业产业项目在这些区县如雨后春笋，导致下游的区域水质不同程度的下降，所以乌江流域的生产生活方式直接影响了三峡库区的生态环境安全。目前，三峡库区及其上游生态环境恶化的趋势尚未得到有效控制，而乌江流域在长江流域生态环境保护中的重要地位，决定了其如果按照我国东部地区的模式进行工业化、现代化建设是行不通的，必须走综合发展、生态发展的新路子。要在生态文明视角下构建乌江流域生态产业体系，构建乌江流域生态经济区，并逐步形成较为完备的相关产业体系。

流域生态的关联毕竟局限在分水岭之内，从更大范围的区域经济发展关联来看，乌江流域发展与三峡库区发展的关系也是很深刻的。从 1985 年开始，国家计划委员会（现为国家发展和改革委员会）根据国务院国发（1985）44 号文编制《全国国土总体规划纲要》（简称规划纲要），虽然由于种种原因最终未成功获颁，但从该部署可以看出，乌江流域（乌江干流沿岸地区）是唯一沿长江纵深方向发展的国家规划开发重点地区。其根据国土开发整治的阶段目标和国力的可能，按照开发条件较好、资源丰富、对全国和区域经济发展具有重要战略意义的原则，在全国范围内，选择了 19 个地区作为近期我国国土综合开发的重点地区，沿长江部署有 5 个：①长江三角洲地区；②以武汉为中心的长江中游沿岸地区；③重庆至宜昌长江沿岸地区；④攀西—六盘水开发区；⑤乌江干流沿岸地区。这样的开发布局，除了与乌江流域是我国南方水能、煤炭、磷、铝、锰等资源富集的地区，而且组合良好，区位条件相对优越之外，还与它作为联系攀西—六盘水开发区和重庆至宜昌长江沿岸地区两个国土开发重点地区的通道，担负承东启西的区位重任有关。由此，三峡工程推进了重庆至宜昌长江沿岸地区重点开发区的建设，乌江流域的发展也必然将得到巨大带动。

第二章 生态产业相关理论

随着人口的增长和工业的快速发展，人类正以前所未有的规模和强度影响生态环境，人类赖以生存的原始环境正在逐渐退化。乌江流域作为三峡库区上游的重要河流，处于生态环境较为脆弱的喀斯特地区，在发展过程中付出了巨大的生态环境代价。在流域经济增长与生态保护陷入悖论、经济增长必然要产生生态代价之时，经济增长无法控制在生态承载力范围之内的尴尬，使得传统的流域经济发展模式面临着巨大的可持续发展压力。所以，要实现乌江流域的健康发展，保证三峡库区后续发展和谐稳定，就必须转变经济发展方式，在生态文明理念下，以生态产业理论为指导，改善产业发展模式，构建流域生态产业，又好又快地促进流域经济的健康发展。

第一节 生态产业相关理论

生态产业的相关理论包括生态学理论、产业生态学理论、可持续发展理论、生态经济理论、循环经济理论，以及复合生态系统管理理论。

一、生态学理论

“生态学”一词源于希腊文，其意为“住所”或“栖息地”。从字义上讲，生态学是关于居住环境的科学。1866 年，德国生物学家海克尔（Ernst Haeckel）在《普通生物形态学》一书中第一次正式提出生态学的概念，并将生态学定义为“研究生物与其环境关系的科学”。

我国著名生态学家马世骏教授定义生态学为“研究生物与环境之间相互关系及其作用机理的科学”。目前，最为全面和大多数学者所采用的定义为“研究生物与生物、生物与其环境之间的相互关系及其作用机理的科学”。

生态学的研究对象主要是生物种群、生物群落及生态系统，是对有机体之间，以及有机体与环境之间相互依存的关系研究。因此，生态学理论主要包括种群生态学、群落生态学和生态系统理论（董岚，2006）。

物种存在的基本单位就是种群。种群是生物群落的基本组成单位，也是生态系统研究的基础。种群生态学中非常重要的理论包括生态位理论和共生理论

（林开敏和郭玉硕，2001），指通过物种之间相互作用而形成协同共进的局面，以实现生态物种的共生共荣。而群落生态学是生态系统研究的基础，生态系统着重于生物机体与环境相互关系的研究，指种群内的个体通过对自然环境中各种有利因素的利用，形成比较优势而使自身具有核心竞争能力。这两个理论分别从竞争和共生两个角度诊释了自然生态的物种的关系。

2010 年国务院学位委员会对学科门类和目录进行再次修订，其中将原归属生物学（理学门类）一级学科的二级学科生态学单列为一级学科生态学，将生态学划分为经典生态学和现代生态学，并对生态学的内涵和外延进行了重新阐释。

经典生态学是研究生物与环境间的相互关系的科学，其对象主要是生物个体、种群和生物群落等。但经过近一个世纪的发展，由于人口剧增和人类对自然资源的开发利用所导致的全球生态环境发生了急剧变化，经典生态学已从原生的、未被扰动的生态系统研究向以人类为关键组分、聚焦生态系统服务和人工生态设计的生态系统研究“转型”，成为可持续生物圈的科学基础。现代生态学已发展为一门通过权衡保护性、恢复性和创造性的生态解决办法以确保生态系统服务可持续的科学。生物圈的可持续性是现代生态学关注的重要内容，研究自然—经济—社会复合生态系统成为现代生态学的重点①。

生态学是当今学科活力最强、发展速度最快的学科之一，强化科学发现与机理认识，强调多过程、多尺度、多学科综合研究，重视系统模拟与科学预测，以及提升服务社会能力是现代生态学发展的目标，现代生态学与工程技术、社会科学相结合，实现了由认识自然的理论研究向理论与应用并举的重大跨越。

国务院学位委员会办公室将生态学主要研究方向及研究内容归纳如下。

生态科学，主要研究生物种群、群落、生态系统与环境系统之间相互作用、适应进化、协同发展的规律；人为干扰下生态系统的内在变化机制、规律，以及受损生态系统的恢复、重建和保护对策；污染物在生态系统内迁移、转化和归宿等行为及其对生命系统的危害、风险评估和生态学防治对策；全球变化条件下生物的适应、分化和进化动态及人类应对与防范策略等。生态科学研究内容主要传承了经典生态学研究内容和 20 世纪六七十年代以来全球发展起来的应用生态学领域。

生态工程与技术，依据生态学原理和系统工程方法，研究农（牧）业、林业、水域等生态系统的系统设计、改造和优化途径；流域尺度自然—经济—社会复合系统中各子系统结构功能配置，生态安全维护、区域生态建设技术；工

① 参见国务院学位委员会办公室内部资料（2010 年）

业系统或城镇与自然生态系统的关系、产业代谢过程模拟与改进、产业系统的生态效率及面向环境的生态友好设计政策和技术；生态恢复理论和退化生态系统修复与重建的结构优化设计及工程技术等。生态工程与技术领域主要是将经典生态学理论、方法与工学中的技术、工程理论方法相结合和融合，是对传统经典生态学在现实实践和应用的升华和飞跃，将经典生态学从学术殿堂的象牙塔真正引入到了全球和区域经济、社会、环境实践领域。

生态规划与管理，研究生态功能区划与土地利用布局、产业结构规划与区域生态承载力的生态规划与支撑条件；生态经济理论与各类经济系统的管理、调控与评价；人类社会系统与自然生态系统生态协调策略，以及生态系统管理等。生态规划与管理领域将经典生态学与区域经济、产业发展、环境管理、社会发展等有机结合，是经典生态学理论、方法渗透于人类经济社会生态系统的有益探索和应用。

现代生态学包括农（牧）业生态学、林业生态学、水域生态学（海洋和淡水）、城市生态学、生态工程学（生态修复与建设）、产业生态学、污染生态学、生态管理与规划（生态设计、人类生态学）等分支学科，并与生命科学、环境科学、地理学、农学、林学、海洋科学、经济学、社会学、管理学、计算机科学与技术等密切相关。

生态学的核心理论，是自然界中的任何生物间及其生物集合体与其周围环境存在相互依存、相互制约、相互协同的关系并演化成结构和功能相统一的各类生态系统。目前，生态学仍处于理论不断创建和快速发展中。传统生态学常采用的研究手段在方法论上属于归纳与演绎法，所用的仪器、设备很简单。现代生态学的研究手段和方法无论在微观、中观和宏观尺度上都有现代综合技术或先进设备作支撑。整体观、系统观和协同进化观是其方法论核心。现代生态学理论、方法对于解决我国经济社会发展所面临的主要矛盾，特别是国家加快经济发展方式转变和建设生态文明，以及其他新兴领域将具有重要意义和重大需求。

我国已进入经济社会发展受资源与环境全面约束的新时期，而现代生态学恰是解决资源环境与经济社会发展难题的核心学科。全面落实科学发展观，开展“生态建设”、发展“生态产业”、确保“生态安全”、推进“生态文明”已成为国家经济社会发展的基本任务。未来全社会诸多领域、行业和部门都将对生态学人才呈现数量增多、专业多样的需求。现代生态学的发展对于满足国家经济社会发展生态化、“绿色化”的需求，推进人类社会走向高级生态文明具有重要理论和现实意义，尤其是对于指导当前我国区域经济、产业发展和区域可持续发展具有重要理论支撑作用。

（一）种群生态学理论

1. 生态位理论

生态位主要指自然生态系统中一个种群在时间、空间上的位置及其与相关种群之间的功能关系，可以理解为有机体对环境综合适应性的表现。生态位的概念不仅包括生物所占的物理空间，还包括它在群落中的功能，它们在温度、湿度、土壤和其他生存条件的环境变化梯度中的位置（Odum，1971）。主要包括两方面含义：一是生物和所处环境之间的关系；二是生物群落中的种间关系。生态位的大小用生态位的宽度衡量。生态位狭窄的物种，其激烈的种内竞争与进化关系将促使其扩展资源利用的范围，导致两个物种生态位靠近，竞争加剧。生态位的接近、重叠越多，种间竞争越激烈，结果不是某一物种灭亡，就是通过生态位的分化而得以共存。大多数生态系统具有不同生态位的物种，这些生态位不同的物种，避免了相互之间的竞争，同时由于提供了多条能量流动和物质循环途径，有助于生态系统的稳定。

2. 生物共生理论

生物共生理论主要包括种间正相互作用理论、种间负相关作用理论，以及种间协同进化理论。种间正相互作用理论又叫种间共生理论。种间共生理论包括原始合作、偏利共生和互利共生。原始合作是指两个生物种群生活在一起，彼此都有所得，但二者之间不存在依赖关系。偏利共生是指共生的两种植物，一方得利，而对另一方无害。互利共生是指两个生物种群生活在一起，互相依赖、相互得益。总的来说，它们彼此之间的影响至少对一方有利，而对另一方都没有副作用。种间负相关作用理论主要包括竞争、捕食、寄生及偏害。种间协同进化理论则指一个物种的进化必然会改变作用于其他生物的选择压力，引起其他生物发生变化，而这些变化反过来又会引起相关物种的进一步变化的这种相互适应、相互作用的共同进化关系。

（二）群落生态学相关理论

群落生态学是生态系统研究的基础，包括关键种理论和生物多样性理论。群落生态学并不是物种的简单相加和集合，而是一个新的复合系统，包含着不同于生物个体和种群特征与规律。群落生态学强调的是自然界共同生活在一起的各种生物，能有机地在同一时空共存；强调的是群落中生物之间有物质循环和能量转化的联系，以及各种信息的交流，因而它具有一定的组成和营养结构。

1. 关键种理论

关键种理论是生态学的基本理论，它确定了“关键种”在生态系统中的地位和作用。“关键种”是指一些珍稀的、特有的、庞大的、对其他物种具有不成比例影响的物种，它们在维护生物多样性和生态系统稳定方面起着重要作用。如果它们消失或削弱，整个生态系统可能要发生根本性的变化。生物关键种的存在对于维持生态系统群落的组成和多样性具有决定性作用，与同群落中的其他物种相比是相对重要的。

2. 多样性原理

生物多样性是指一个区域内生命形态的丰富程度，包括地球上所有植物、动物和微生物物种及其所拥有的基因，各物种之间及其与环境之间的相互作用所构成的生态复合体及其生态过程。其内涵十分丰富，包括的层次或水平主要有：遗传多样性、物种多样性、生态系统多样性和景观多样性等。生物多样性是保持群落稳定的重要尺度。

（三）生态系统理论

生态系统在1934年由英国生态学家坦斯利（A. G. Tansley）提出，强调在一定自然地域中生物与非生物之间、生物有机体与非生物环境之间功能上的统一。后来，美国生态学家奥德姆（E. P. Odum）给生态系统下了一个更完整的定义，生态系统是指生物群落与生存环境之间，以及生物群落内的生物之间密切联系、相互作用，通过物质交换、能量转化和信息传递，成为占据一定空间、具有一定结构、执行一定功能的动态平衡整体。简言之，在一定空间内生物群落与非生物环境相互联系、相互作用所构成的统一体，就是生态系统。

1. 生态系统的结构和功能

生态系统是一个功能单元，即生态系统＝生物群落＋无机环境。其中的生物群落包括生产者、消费者、分解者三大功能类群；无机环境则是指生态系统的物质和能量来源，包括生物活动的三种基质（大气、水、岩石土壤）及参与生理代谢的各种环境要素，如光、温度、水、氧、二氧化碳和矿质养分等。生态系统内生产者、消费者、分解者和无机环境之间存在着非常密切的关系，通过彼此之间的物质转化、能量流动和信息传递，来实现生态系统的功能。能量流动和物质循环是生态系统的基本功能，信息传递在能量流动和物质循环中起调节作用，能量和信息依附于一定的物质形态，推动或调节物质运动。食物链（网）是实现生态系统功能的保证。

生物生产包括初级生产和次级生产两个过程，前者是生产者（主要是绿色植物）把太阳能转化为化学能，把无机物转化为有机物的过程；后者是消费者（主要是动物）和分解者利用初级生产物质进行同化作用建造自身和繁衍的过程。

生态系统中的物质在各个营养级之间传递，形成物质流。从大气、水域或土壤中被绿色植物吸收进入食物链，然后转移到食草动物和食肉动物体内，最后被以微生物为代表的还原者分解转化回到环境中。这些释放出的物质又再一次被植物利用，重新进入食物链，参加生态系统的物质再循环——这就是物质循环。

生态系统的物质循环可在三个不同层次上进行，包括：生物个体层次，生态系统层次，生物圈层次。正是三个层次的物质循环的作用，才使得生态系统永远处于动态平衡之中。生态系统中物质循环过程伴随着能量流动，能量按食物链方向传递，遵循“十分之一”定律，即消费者只能获得上一个营养级能量的1/10。生态系统在进行物质能量交换的过程中也伴随着信息传递，但是信息传递不像物质流那样是循环的，也不像能量流那样是单向的，而往往是双向的。

2. 食物链（网）物质循环理论

生态系统各组成成分之间建立起来的营养关系，构成了生态系统的营养结构，它是生态系统中能量流动和物质循环的基础。一般的，生态系统通过这种营养关系建立起来的连锁关系称为“食物链”。实际上，生态系统中的食物链很少是单条、孤立出现的，它往往是交叉链锁，形成复杂的网络结构，即食物网。食物网是自然界普遍存在的。生产者制造有机物，各级消费者消耗这些有机物，生产者和消费者之间相互矛盾，又相互依存。不论是生产者，还是消费者，其中某一种群数量突然发生变化，必然牵动整个食物网，在食物链上反映出来。生态系统中各生物成分间，正式通过食物网发生直接或间接的联系，保持着生态系统结构和功能的稳定性。食物链上的某一环节的变化，往往会引起整个食物链的变化，甚至影响生态系统的结构。

二、产业生态学理论

产业生态学是20世纪80年代以来，在产业领域寻求可持续发展的过程中逐渐形成的。1989年9月，美国哈佛大学教授R. Frosch和Gallopoulos在《科学美国人》杂志上发表了《可持续产业发展战略》一文，首次提出了“产业生态学”的概念，认为可以建立模仿自然生态系统的工业系统，运用一体化的生产方式取代传统的简单化生产方式，减少或消除产业活动对环境的影响。1992年，美国科学院召开“产业生态学的概念、内容、方法和应用研讨会”，形成了产业生态学的基本框架，标志着产业生态学诞生10年来已得到了迅猛发展。作为一门新兴学科，产业生态学目前还未形成统一的的概念内涵和体系框架。它强调跨学科性和综合性，它涉及多学科的知识包括生态学、经济学及其技术科学等学科；强调系统思想的重要性，系统思想是产业生态学的核心；强调可持续性。其研究内容可概括为6个方面：物质和能量流动研究、非物质化和非碳化、技术创新与环境、生命周期规划设计与评估、生态再设计、生态工业园（邓南圣和武峰，2002）。

产业生态学是生态产业进行实践的理论基础，所以生态产业理论的研究与产业生态学的研究是密不可分的。目前，国外关于产业生态的研究中，M. R. Chertow（2008）界定了产业生态的概念内涵、原则、核心要素，进行了生命周期分析、物质流分析及产业共生等的研究，讨论了产业生态在第三世界的重要性，并以中国为例，说明了产业生态与循环经济的平衡关系。H. H. Lou等（2003）深入研究了产业生态系统在解决不确定性、协调物质和能量再利用，促进可持续发展方面的重要性。E. B. Cowling 和 C. S. Furiness（2005）认为产业生态及可持续发展理论是指导畜牧业和林业发展达到双赢的有效实践。D. Gibbs 和 P. Deutz（2008），D. Gibbs 等（2005）依据产业生态学原理，探讨了生态产业成为区域经济发展基础的潜在性。将实践研究聚焦于美国的生态产业发展，将产业生态学假设为一个独特的集群概念，以此考察了其对于产业生态学和区域发展政策的影响。S. Suh 和 S. Kagawa（2009）从工业革命和绿色革命这一历史的视角分析了产业生态学与投入产出经济学的关系。R. N. Hull 等（2007）讨论了产业生态理论与以经济发展为中心的发达国家的产业生态实践，认为产业生态是经济增长的主要手段，产业生态的实施、合适的政策工具、经济增长与环境的关系、产业和社会发展的重要目标等的研究对于目前转型国家的发展具有重要意义。

（一）产业生态学的内涵与特征

产业生态学是一门着眼于生态系统持续发展能力的整合性科学。它根据整体、协调、循环、自生的生态控制论原理系统设计、规划和调控人工生态系统的结构要素、工艺流程、信息反馈关系及控制机构，在系统范围内获取高的经济和生态效益。它是解释企业物流新陈代谢、产品生命周期过程及产业兴衰更替的经济生态学；产业的资源开发及环境影响活动对生命支持系统胁迫及其响应机制的自然生态学；人类生产、消费活动与周围自然、经济、社会环境关系的人类生态学；物质生产单元、环节或体系之间在时间、空间、数量、结构和序理层次上的生态工艺技术和生态系统耦合的工程生态学。简言之，就是从"社会—经济—自然复合生态系统"的理论出发，研究社会生产活动中自然资源从源、流到泄的全代谢过程、组织管理体制，以及生产、消费、调控行为的动力学机制、控制论方法及其与生命支持系统相互关系的系统科学（马世骏和王如松，1984）。

产业生态学具有以下特征：产业生态学是一种系统观，其属于应用生态学，其研究核心是产业系统与自然系统、经济社会系统之间的相互关系；产业生态学强调一种整体观，其考虑产品或工艺的整个生命周期的环境影响，而不是只考虑局部或某个阶段的影响；产业生态学提倡一种未来观，其主要关注未来的生产、使用和再循环技术的潜在环境影响；其研究目标着眼于人类与生态系统的长远利益，追求经济效益、社会效益和生态效益的统一；产业生态学倡导一种全球观，其不仅要考虑人类产业活动对局地、地区的环境影响，更要考虑对人类和地球生命支持系统的重大影响（杨建新和王如松，1998）。

（二）产业生态学理论框架

产业生态学充分运用了生态学当中的原理，将其应用到产业系统当中，具体体现在以下几个方面。

1. 产业生态与关键种理论及多样性原理

区域生态产业系统中也存在类似的“关键”物种，关键产业是指处于生态产业网络关键节点处，能够对相关企业及整个网络的产业链延伸和产业发展产生不可替代的重要影响的产业。在区域生态产业系统中，它们使用和传输的物质最多、能量流动的规模也最为庞大。从量的方面看，关键产业应是在国民生产总值或国民收入中占有较大比重或者将来有可能占有较大比重的产业部门；从质的方面看，应是在整个国民经济中占有举足轻重的地位，能够对经济增长的速度与质量产生决定性影响的产业部门，其较小的发展变化就足以带来其他产业和整个国民经济变化，从而使得关键产业与其他基础产业、关联产业的“产业链”构建变为“生态产业链”。在经济学理论中，主导产业具有“关键种”的性质。主导产业是指在区域经济中起主导作用的产业，它是指那些产值占有一定比重，采用了先进技术，增长率高，产业关联度强，对其他产业和整个区域经济发展有较强带动作用的产业。但是关键产业先进于主导产业的地方是关键产业更加注重生态规律和生态功能导向，比主导产业更具有可持续性。

生物多样性在构建生态产业中，既可以表示生态产业链中参与者的多样性，也可以表示生态产业链中投入产出的多样性。因为消费结构与投入品供应的多样性也是生态产业链多样性的具体体现。通过一定的努力，生态产业投入与产出的多样性是可以提高的。因此，在建立生态产业时，应该把生物多样性考虑进去。

生态产业系统必须有关键产业组分，才会有发展的实力，必须有辅助企业多元化的结构和多样化的产品为基础，才能分散风险，增强稳定性。主导性和多样性的合理匹配是实现生态产业系统持续发展的前提。关键产业确定以后，还要注意关键产业与辅助产业之间发展的协调与配套，这不仅有利于关键产业的发展和产业结构的合理化，而且将有效地带动生态产业系统经济的全面发展，形成各产业部门相互渗透、相互融合、相互协作、相互促进的生态产业体系。

2. 产业生态与种间共生理论

把共生概念应用到产业领域就是产业共生，这里的共生概念指的是种间共生。产业共生就是通过企业之间对资源的不同需求和供给关系建立起有联系的循环利用网络，最终形成资源共享、减少废弃物排放的产业共生组合（孙儒泳等，1993）。种间共生理论是指引建立生态产业链的灯塔。在建立生态产业园和规划生态产业链时，充分利用种间共生理论，有效促进产业内作为独立经济组织的企业之间因同类资源共享或异类资源互补形成共生体，进而形成产业集群，发挥企业的联合优势，推动内部或外部、直接或间接的资源配置效率的改进，提高劳动生产率，降低成本，增加企业效益，推动产业发展。使生态产业链上的产业单位之间尽量有正面的相互影响，避免负面的不利影响，用经济学的语言来讲，就是构建生态产业链条时，是对原有产业系统的帕累托改进。

3. 产业生态与生物食物链物质循环理论

食物链理论可以很好地运用于生态产业链的构建当中。在生物食物链中，物质不灭、循环往复，从整个食物链来看，物质基本上没有损失，使生态系统构成和谐的永续发展。在建立生态产业链时，可以充分发挥产业共生的优势，最大比例地使产业间互相交换废弃物和副产品，最大限度地做到“物质不灭、循环往复”。当然，产业系统物质循环不可能做到没有损失，只能是逐步减少资源损失。在生物食物链中，各物质循环过程相互联系、不可分割。但是，产业系统中，各物质循环可以不依赖其他物质循环而单独进行，这又极大地方便了生态产业链中的物质循环。当区域中不同的企业之间构建起基本的产业链，产业网络也就形成。产业链越长，资源利用效率越高，其盈利环节也越多，排出的废弃物越少，从而达到经济效益与生态效益的统一。

国内关于生态产业链研究中，王兆华等（2003）围绕生态产业链的结构进行研究，提出其结构模型，并对模型进行分析。崔兆杰等（2009）从生态产业链网中企业间的共生耦合角度出发，通过识别企业在生态产业链网构建过程中的生态位因子，以及关键种的确定方法，提出了优化构建生态产业链网的新方法。郑荣翠和刘家顺（2008）根据生态工业园中参与废弃物交易企业间产权关系的不同，提出了两种不同类型的生态产业链：单源控制型生态产业链和多源控制型生态产业链，并提出影响单源控制型生态产业链稳定性的主要因素是企业组织的刚性，影响多源控制型生态产业链稳定性的主要因素是企业间进行废弃物资源化再利用时产生的各种交易费用。汪毅和陆雍森（2004）论证了产业链构建过程中的柔性问题，主要从风险的角度包括经营管理风险、维护风险和或有风险等角度探讨了产业链所承担的风险及其注意事项，以说明产业链的柔性对于产业链抵御外界变化的恢复能力是关键因素。王培成等（2009）对生态产业链的耦合研究进行了综述，总结了生态产业链耦合的研究成果，提出要解决的问题和值得关注的几个研究方向。

4. 产业生态与生态位理论

生态学中，生态位是描述某个生物体单元在特定生态系统与环境相互作用过程中所形成的相对地位和作用，是某生物单元的“态”和“势”两方面的综合。它主要运用在竞争的关系当中，因为生态位相同的两个物种不能共存。生态产业中的生态位关系不仅说明企业间的竞争关系，更加体现不同企业由于生态位的不同而形成生态产业链（网）的合作关系。企业间要有有序的生态位关系，每个企业都在产业链或产业网络中占据自己应有的位置，发挥自己应有的作用。有的企业作用大，有的企业作用小，但是对于整个生态产业链或生态产业网，每个节点上的企业都是不可或缺的。形成生态产业链的企业，必须要有核心企业的引导和约束，也就是必须有一个或数个生态位较高的企业，使得整个生态产业链条能够依靠自身的不断竞争和合作，维持生产的稳定性和有序性。

生态产业系统的生态位确定就意味着建立了生态产业系统之间、生态产业系统与区域、生态产业系统与自然界相互之间的地域生态位势、空间生态位势、功能生态位势，形成了生态产业系统的比较优势。只有充分利用这种优势才能避免由于定位雷同而造成的恶性竞争。

（三）产业生态化

20 世纪 90 年代以来，产业生态化发展在世界发达国家渐成潮流，贯穿于宏观层次国家产业发展战略的选择、管理立法，中观层次区域产业园区的建设、布局，以及微观层面企业生产的技术改造和清洁生产实践，如具体产品和工艺的生态评价与生态设计。产业生态化源于产业生态理论与产业生态学，是对产业生态学等相关学科理论的实践应用，是产业生态学理论指导下的产业发展的高级形态，通过模仿自然生态系统闭路循环的模式构建产业生态系统，按照生态规律和经济规律来安排生产活动，实现产业系统的生态化，从而达到资源循环利用，废物排放减少，消除环境破坏，实现经济效益、社会效益和生态效益的和谐统一，最终实现产业与自然的协调发展与可持续发展（张文龙和邓伟根，2010）。产业生态化是实现经济、社会与自然界和谐发展的新型产业模式，是对传统产业发展模式的扬弃，是新的历史条件下经济发展模式转型的必然选择。产业生态化是人工产业系统的生态性回归，是实现生态文明建设的战略举措。

产业生态化目标就是在人类生存和发展的自然生态环境可再生的基础上，达到人—社会—自然之间的协调和持续发展。其本质是全程生态化：将生态园区的概念加以拓展，向前延伸到绿色原料、能源及工业无机环境的构建；向后延伸到消费领域，通过生态营销塑造企业的理念与形象、培育企业的品牌、传播企业文化、倡导绿色消费。其意义包括如下几点：①产业生态化的提出源于消费者对绿色产品的需要。绿色象征着生命、健康、舒适和活力，绿色使人回归自然。面对环境污染和生态破坏，人们选择绿色作为无污染、无公害和环境保护的代名词。②绿色消费可以配合国家实现可持续发展、保护环境的目的，促进区域生态环境向绿化、净化、美化、活化的持续生态系统演进，为社会经济发展营造良好的生态环境。③对企业来讲，通过生态理念的创造，可以发现并满足消费者潜在的心理需要，从而达到占领市场、扩张市场、巩固市场的目的，同时可以促进传统产业向知识、网络型高效持续生态经济的转化，以生态产业为龙头带动区域经济的发展。④对消费者来讲，营造绿色消费的时尚，使消费者在获得心理满足的同时，又得到了健康，体现人与自然的和谐统一，促进消费者由传统的生产、生活方式及其价值观念向资源高效、环境美化、系统和谐、社会融洽的生态文化转型。

产业生态化将不可持续发展变为可持续发展，通过经济与社会的转型，进化到一个新的系统状态，以新的面貌特征综合集成表现为网络化、整体化和生态集聚化。产业生态化是产业发展的必然趋势，传统产业必然向基于生态系统承载能力、具有高效的经济过程及和谐的生态功能的网络型、进化型产业发展（金国平等，2008）。产业生态化对于改造传统产业，建设生态城市，解决资源稀缺问题及经济与环境冲突，具有重要的指导意义。

在有关产业生态化发展的路径方面，李慧明等（2009）认为产业生态化是实现生态文明的重要内容，通过“让市场说出生态真理”的运行机制，进行区域差异化发展，可以有效促进产业生态化的发展。郭莉和苏敬勤（2004a）、张文龙和余锦龙（2008）认为产业生态化发展的路径选择在于生态工业园的构建和区域副产品的交换。陈晓涛（2007）认为产业链技术融合有助于实现产业生态化。产业要实现转型升级，必须以产业与环境的适应性、产业的多样性、环保产业占经济比重，以及资源承载力与产业的可持续发展能力诸多要素作为先决条件。其中，资源承载力与产业的可持续发展能力为产业转型升级的基础，环保产业占经济比重可以衡量产业之间物质能量与信息交换和联系的程度，产业与环境的适应性和产业的多样性是产业生态化发展的重要依据（万贵明，2009）。产业生态化对于转变经济发展方式，调整产业结构，建立我国自然、经济、社会协调发展的循环经济体系，推动可持续发展战略具有积极意义。

总的来讲，产业生态学不仅是一种分析产业系统与自然系统、社会系统及经济系统相互关系的系统工具，而且是一种发展战略与决策支持手段，为从根本上扭转产业发展中环境污染的被动局面、推广生态产品和孵化生态企业提供科学方法、决策依据和信息支持。

三、产业生态系统理论

（一）产业生态系统的内涵与特征

根据生态学原理，在一定的空间内，生物的成分和非生物的成分通过物质的循环和能量的流动互相作用、互相依存而构成的一个生态学功能单位称为生态系统。产业生态系统是指产业中的企业联合体或共生体。产业生态系统至少包括相互关联的一些企业，为了各自的经济利益（减少固定投资或降低成本）而在某些方面（如能源共享、原材料或副产品的再利用）实现合作。产业生态系统理论是在系统论、控制论、信息论和生态学等理论基础上发展起来的一门学科，它从局地、区域和社会等多个层面，来统筹社会经济系统与环境系统之间的物质、能量和信息流动关系，把人类的产业活动纳入包括人类社会在内的整个自然生态大系统的生产活动中，把人类的物质和能量转换过程置于自然生态系统物质能量的总交换过程中，通过对人类生产系统（产业系统）与自然生产系统结构和功能上的整合，使物质和能量能够以环境友好的方式，在社会—环境大系统内部不同层次的系统之内和系统之间，不断地被循环和高效利用（李慧明等，2005）。一个完整的产业生态系统是一个包括自然生产活动在内的大系统的概念，从而在逻辑和系统的边界上与自然—社会经济大系统的概念取得一致。

根据产业生态理论，产业生态系统的进化可以分为三个阶段。

地球生命的最初阶段是一级生态系统，其运行方式就是开采资源和抛弃废料。这种生态系统表现为不发生关系的线性物质流的叠加。在随后的进化中，资源开始变得有限。有机物开始相互依赖并组成复杂的网络系统，于是形成二级生态系统。在这一系统中，不同种群组成部分之间的物质循环变得极为重要，物质循环受到资源数量和环境容量的影响。二级生态系统对资源的利用虽然已经有相当的效率，但也仍然不能长期维持，因为物质、能量流动都是单向的，废料在不断增加。资源节约型经济的主旨在于促使现代经济体系向三级生态系统转化。一个理想的三级生态系统通常是一个与外界只有能量交换的半开放系统，按照物质生产者、消费者、分解者的形式存在，完成物质循环、能量传递和信息交流的功能。目前的社会经济系统或产业生态系统也是整个生态系统的组成部分，与外界存在大量的物质与能量的交换，是一个开放系统。如何使产业体系模仿自然生态系统的运行规则，实现人类的可持续发展，是产业生态学面临的重要任务。

产业生态系统的结构具有明显的空间结构、时间结构及资源结构特征。随着时间的变化，产业群在空间和资源结构上都可能发生变化。空间结构主要有聚集和分散，有的聚集在一个产业园区中，有的分散在不同的区域，通过交通运输联系。从时间结构分析，随着时间的变化，产业生态系统也作相应的调整，短期引起企业产品的变化，如随着季节的变化产品种类也发生变化等。长期引起产业群组成或性质（产业结构调整）的变化，如促进高新技术、创新企业和环保节能型产业的发展。从资源结构分析，根据不同社会经济功能形成了不同的产业结构，根据国际标准工业分类法（International Standard Industrial Classification，ISIC），共分 17 个部门和 99 个行业。我国有三次产业的划分：第一产业包括农、林、牧、副、渔；第二产业包括采掘业、制造业、自来水、电力与煤气的生产，以及建筑业；第三产业包括所有其他部门。第三产业中又分为两大部门：流通部门（包括交通通信、商业、饮食、物资供销和仓储业）与服务部门（金融、保险、地质勘查、房地产、公用事业、居民服务和各种生产性服务业、公共服务、教育、文化、广播电视、科学技术研究、卫生、体育和社会福利事业等）（张培刚和张建华，2009）。在这些不同的产业中资源结构具有独特的资源链及资源网的特征。而且越是生态环境友好的产业其资源链越完整并且资源网络特性越突出。例如，广西贵糖（集团）股份有限公司模式中的甘蔗—纸浆—造纸及制糖—发电—水泥等资源链结构，以及由各资源链构成的以制糖厂为核心企业，由化肥厂、酿酒厂、发电厂、水泥厂、养鱼厂、纸浆厂、造纸厂共同组成的一个资源生态网络结构。

（二）产业生态系统的特性

1. 层次性与功能性

所谓产业生态系统的层次性就是通过模拟自然生态系统的生态位食物链，构筑不同层次的“生产者—消费者—分解者”的产业生态链。每一层次上的产业链都既可以看做是一个相对独立的开放系统，又是一个更高级系统的子系统或功能单位。这些不同层次的产业系统对于逐步实现物质和能量高效循环和流动、促进循环经济发展具有重要意义。

在一个经济系统内，由于组成系统物质和能量的构成及其流动方向一般来说是多维循环，即有多种物料和能量参加的多方位的循环模式。为了在系统内建立多层次、立体型的物质和能量循环，利用转换网络来促进和实现系统内的物质和能量的层级利用和循环流动，需要采取一定的方式和手段，对系统进行结构和功能上的整合，实现从较低层次的局部性的、不完全的循环到较高层次的整体、完全循环的递进过程。对于产业生态系统来说，其功能性就表现在对资源的三种整合方式上，即纵向闭合、横向耦合和系统整合。所谓纵向闭合，是指改变经济系统中在产品生产和消费方面存在的“资源—产品—环境废物”的线性流动模式，对产品生命周期过程的各个环节进行有效的衔接，从而实现对产品的回收和循环利用。横向耦合，就是通过对不同的生产环节、工艺流程之间的横向联合，形成一个物质多级分层利用的网络系统，使原来生产和消费过程中产生的废物能够在网络系统中作为资源得到充分利用。系统整合，就是对不同层次或同一层次的产业系统，以及各个层次产业系统与其所在环境系统间的物质（产品、废物和能量）流动进行统筹，以实现物质和能量在系统间的循环和多层次利用。

2. 动态性与发展性

产业生态系统是产业发展的高级阶段，在这个阶段中，物质在系统内实现完全闭路循环。这个高级阶段并不意味着从社会经济发展角度上来看是产业体系进化的顶峰，而是从社会经济系统与自然生态系统的关系上来看，人类经济系统与自然生态系统之间的关系进入了一个可以长期维持的协调、平衡状态。当中的产业系统在自然规律和社会规律的共同作用和约束下继续演化发展，这种发展不再是物质利用上的数量扩张，而是质量和功能上的不断提高和完善。虽然我们不能预见未来产业体系的具体内容，但是有一点是可以确定的，那就是如果人类社会的发展是可持续的，那么未来的产业体系一定是环境友好的生态型产业体系，这种友好体现在三个方面：①产业的运行对环境不造成不可逆的干扰，也就是不破坏环境的生态、生产、经济功能和自然的承载力。②产业系统与环境的协调和衔接，主要是指实现物质在自然—经济大系统中顺畅地循环流动。③在保护自然生态系统的前提下，积极利用自然环境的生产和消解功能，实现经济、社会和环境效益的统一。

（三）产业生态系统的功能

根据生态学原理，产业生态系统的主要功能也可从生产者功能、消费者功能和分解者功能三方面来分析。通过物质、能量及资金流动，以及信息传递，三方面功能形成有机整体。其资源流是实现这些功能的命脉，如图 2-1 所示。生产者功能主要是利用自然资源生产消费者需要的各种原料，这些原料产品是围绕消费市场来生产的，在种类和数量上具有时间和空间动态变化的特征。消费者的层次主要有四个：产品生产企业，供应商，销售商，单位和个体消费者。初级消费者（产品生产企业）的功能是将原料加工成产品，提供给下一层消费者使用，起到了对原料的再加工作用和物质资源的传递作用。在其中的企业共生体中，企业与企业的消费联系主要是通过产品或副产品的利用实现，即上游企业的产品或副产品成为下游企业的原料。另外，消费者的需求直接影响企业的种类和规模。分解者的功能是将生产者和消费者的废弃物收集、分类、再资源化、无害化处理排放，使得整个系统的废弃物得到资源化和无害化处理，减弱系统排放对生态环境的胁迫。

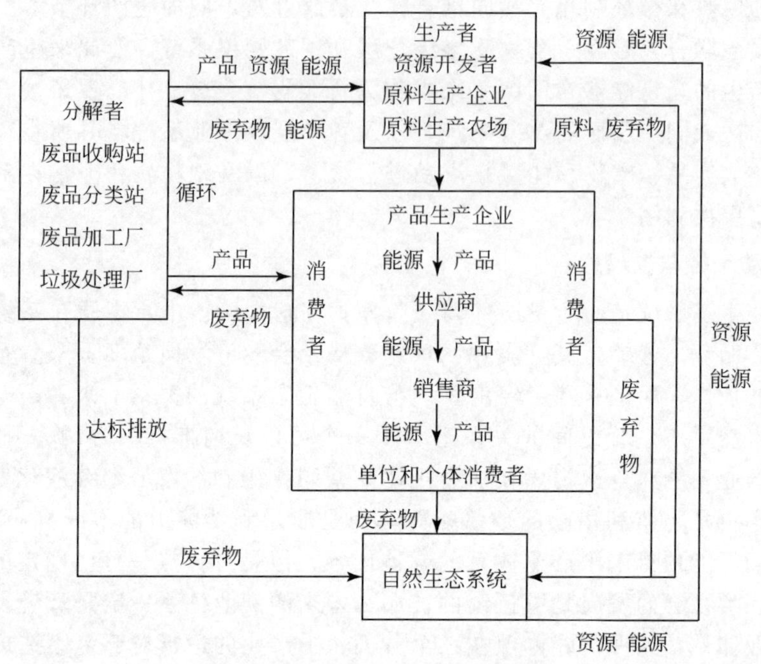

图 2-1 产业生态系统的功能和资源流

资料来源：施晓清，2010

（四）产业生态系统的构建

产业生态系统构建的关键在于建立起使物质和能量高效循环利用的生态产业链和生态产业共生网络（李云燕，2008）。

1. 生态产业链的构建

生态产业链是依据生态学原理，以恢复和扩大自然资源存量，提高资源基本生产率为宗旨，根据社会需要，对两种以上产业的链接所进行的设计（或改造）的新型产业系统创新活动。生态产业链的概念包括如下 4 个要素。

(1) 增大自然资源存量。增大自然资源存量是生态产业链设计与开发活动的宗旨，即设计与开发的生态产业链的最高目标是在求得经济发展的同时，推动生态系统的恢复和良性循环，不断提高和扩大自然生产力的水平与能力。

(2) 提高资源生产率。生态产业链系统是为提高生产率而设计的，但这一生产率要用“资源基本生产率”的概念来评价，即从资源的原始投入对生态圈的作用算起，到产品退出使用、回到生态圈为止，全面和全过程地测度其生产率。生态产业链系统的设计侧重于通过产业链的链接与转换过程的设计、开发和实施，使生态资源在原始投入和最终消费方面提高效率，从可持续发展的层面上，全面持久地提高生产率。

(3) 社会性长期需要。生态产业链应该具备社会性，即它建立的是依社会长期需要为主体的商业秩序与环境，它在生产、交换、流通和消费过程中所建立的秩序既要使商家及产业链上各方获取利润，而且要与自然生态系统保持着长期的友善与协调。

(4) 系统创新活动。生态产业链以技术创新为基础，以生态经济为约束，通过探讨各产业之间“链”的链接结构、运行模式、管理控制和制度创新等，找到产业链上生态经济形成的产业化机理和运行规律，并以此调整链上诸产业的“序”与“流”，建立其“产业链层面”的生态经济系统；再以该系统为牵动，在相关产业内部，调整其“流”与“序”，形成“产业层面”的生态经济系统；最终，生态产业链应该是这两个层面上系统的交集，它要通过链的设计、开发与实施，将技术创新、管理创新和制度创新有机地融为一体，开创一种新型的产业系统（尹琦和肖正扬，2002)。

生态产业链的构建就是要在企业内部、企业之间建立生态产业链乃至在更大范围建立生态产业网络，以实现对物料和能量的更有效利用（王兆华和尹建华，2005)。生态产业链是生态产业园的骨架，是生态产业系统构建的关键。在构筑生态产业链时应遵循以下原则：①构筑产业链的各企业内部要实现清洁生产，所生产的产品是生态产品；②生态产业链的长短要依据技术经济分析而定；③园区内各成员之间在类别、规模、方位上要相匹配；④具有灵活性和弹性，当园区内任何一个企业生产状况的变化，如废料构成、性质改变时，与其相联系的企业能及时调节，保证整个系统的平衡（王灵梅和张金屯，2003)。

生态产业链的设计包括以下几点：①主导产业链优选。因地制宜，优选出突出地方产业优势或反映出园区产业建设主题的主导产业链。根据关键种原理，优选出“关键种”企业，然后分析其工业代谢辅链，对其进行生态产业链的设计。②引入辅链企业。分析以“关键种企业”为核心的主导产业链，以其副产品和废弃物为突出点，有针对性地引入辅链企业或工厂，把主导产业链产生的副产品和废弃物作为辅链企业的原材料，延伸主导产业链，构建生态产业链。引入辅链企业作为生态产业链的一个重要节点，其生产规模匹配产业对接的企业，并建立长期合作伙伴关系，同时辅链企业在满足其对接企业的前提下，应建立原材料多方供应渠道，满足生产需要，从而稳定生态产业链。通过发展关键辅链项目和创建资源回收型企业来丰富工业系统的多样性，增强工业生态系统的稳定性，提高区域产业整体经济力与实力。③横向共生、纵向耦合。鼓励各企业从产品、企业合作、区域协调等多层次上进行物质、信息和能量的交换。本着促进企业内部或企业间横向共生、纵向耦合的原则，利用不同企业之间的共生与耦合，以及与自然生态系统之间的协调来实现资源的共用，物质、能量的多级利用，以及整个园区高效产出与可持续发展，达到区域生态系统整体的优化和区域经济效益、社会效益和环境效益的最大化（骆世明，2009）。

2. 生态产业共生网络的构建

生态产业园的典型特点是企业之间相互合作，通过建立产业共生网络实现资源相互利用和循环。产业共生网络是产业生态学理论在产业发展中的应用，是产业园区由存在废弃物交换的不同行业的产业链组合而成。构建区域产业共生网络能够有效实现经济效率提高和物质减量化，是区域产业生态化的路径选择（张文龙和余锦龙，2008）。产业共生网络运作模式主要包括依托型、平等型、嵌套型和虚拟型四种（王兆华和尹建华，2005）。

（1）依托型产业共生网络。依托型产业共生网络是生态产业园中最基本和最为广泛存在的组织形式，其形成往往是因为生态产业园中存在一家或几家大型核心企业，吸附许多中小型企业围绕其运作而成。一方面核心企业需要其他企业为它供应大量原材料或零部件，这也为大量相关中小型企业提供巨大市场机会；另一方面，核心企业也产生大量的副产品，如水、材料或能源等，当这些廉价的副产品是相关中小型企业的生产材料时，也会吸引大量企业围绕其相关业务建厂。依托型产业共生网络的特点在于对核心企业具有很强的依赖性，核心企业一般是特大型企业，主导网络的运行，它决定了共生网络能否持续发展的技术可行性。一旦核心企业的经营环境发生变化，如工艺调整、材料更换或者规模变更等，都会对它的依附企业产生非常大的影响，最终将直接影响网络的稳定性和安全性，甚至导致网络失败。根据生态产业园中核心企业的数目不同，依托型产业共生网络可以分为单中心依托型共生网络和多中心依托型共生网络。多中心共生网络比单中心共生网络具有更强稳定性和安全性。

（2）平等型共生网络。平等型共生网络是指一家企业会同时与多家企业进行资源的交流，企业之间不存在依附关系，在合作谈判过程中处于相对平等的地位，依靠市场调节机制来实现价值链的增值。该网络的企业一般为中小型企业。网络结点间同时存在多家企业，增强了产业共生网络的稳定性。但在这种共生类型中，由于受经济利益影响比较大，企业选择合作伙伴的主动权增强，难以形成主体生态产业链，仅凭市场的调节很难保障网络的稳定性和安全性。因此，在网络出现频繁波动的情况下，需要政府或园区管理者的参与。

（3）嵌套型工业共生网络。嵌套型工业共生网络是一种复杂网络组织模式，是由多家大型企业和其吸附企业通过各种业务关系而形成的多级嵌套网络模式。在生态产业园内，多家大型企业之间通过副产品、信息、资金和人才等资源的交流建立共生关系，形成主体网络。同时，每家大型企业又吸附大量的中小型企业，这些中小型企业以该大型企业为中心又形成子网络。另外，围绕在各大型企业周围的这些中小型企业之间也存在业务关系，所有参与共生的企业通过各级网络交织在了一起，既有各大型企业之间的平等型共生和中小型企业的依托型共生，还有各子网络之间的相互渗透，从而形成一个错综复杂的网络综合体。

（4）虚拟型共生网络借助于现代信息技术手段，用信息流连接价值链建立开放式动态联盟，组建和运营的动力来自多样化、柔性化的市场需求，以市场价值的实现作为目标，整个区域内的产业发展形成灵活的梯次结构，因此具有极强的适应性。同时，参加合作的企业通过各自核心能力的组合突破了资源有限的限制。整个虚拟组织以网络为依托，充分发挥了协同工作和优势互补的作用。

四、生态经济、循环经济理论

生态经济是以生态学原理为基础，经济学原理为主导，以人类经济活动为中心，运用系统工程方法，从最广泛的范围研究生态和经济的组合，从整体上研究生态系统和生产力系统的相互影响、相互制约和相互作用，揭示自然和社会之间的本质联系和规律，改变生产和消费方式，高效合理利用一切可用资源。简言之，生态经济是一种尊重生态原理和经济规则的经济。它要求人类把经济社会发展与其依托的生态环境作为一个统一体，经济社会发展一定要遵循生态学理论。生态经济强调的就是要把经济系统与生态系统的多种组成要素联系起来进行综合考察与实施，要求经济社会与生态发展全面协调，达到生态经济的最优目标（赵桂慎，2008）。

循环经济是一种以资源高效利用和循环利用为核心，以 3R 为原则，即减量化（reduce）、再利用（reuse）、再循环（recycle）；以低消耗、低排放、高效率为基本特征；以生态产业链为发展载体；以清洁生产为重要手段；实现物质资源的有效利用和经济与生态的可持续发展。

在 3R 原则中，减量化原则要求用较少的原料投入来达到既定的生产目的和消费目的，故从经济活动的源头就注意节约资源和减少污染。减量化原则有几种不同的表现。在生产中，减量化原则表现为产品小型化和轻型化，包装简单不豪华浪费，从而达到减少废物排放的目的。再利用原则，要求制造产品能够反复使用，主要是抵制一次性用品泛滥。生产者应该将产品设计成日常生活器具，尽量延长产品的使用期，降低更新换代的速度。再循环原则，要求产品在完成其使用功能生命周期结束后能够重新变成可以利用的资源，而不是直接进入垃圾堆。再循环有两种情况，一种是原级再循环，即废品被循环用来生产同种类型的新产品，如报纸、易拉罐等；另一种是次级再循环，即将废物资源转化成其他产品的原料。3R 原则有助于改变企业对环境的态度，由被动转化为主动保护，使其成为生产和竞争的内在动力。

循环经济作为一种全新的经济发展模式，具有自身独立的特点。①它是新的系统观。循环经济把人置身于生产和消费的大系统之内，把自己作为系统的一部分来研究符合客观规律的经济原则。②它是新的经济观。在传统工业经济的各要素中，资本和劳动力都是再循环的，但唯独自然资源没有形成循环。循环经济要求运用生态学规律，在资源承载能力的范围之内进行良性循环，使生态系统平衡发展。③它是新的价值观。传统工业经济把自然当做“取料场”和“垃圾场”，循环经济把自然当做人类赖以生存的基础，人类需要维持良性循环的生态系统，拓宽了自然界仅仅为可利用的资源的价值理念，更加重视人与自然的和谐相处。④它是新的生产观。传统工业经济的生产观念是最大限度开发自然资源，最大限度创造社会财富，最大限度获取利润。循环经济的生产观念是在自然的承载力范围内循环使用资源，尽量利用清洁能源，并最大限度减少废弃物的排放，以达到经济、社会与生态的和谐统一。

循环经济倡导经济要与环境相协调，要求把经济活动组织成“资源—产品—再生资源”的物质反复循环流动的过程。循环经济的实质是通过模仿生态系统的构造，增加经济系统中的分解者角色，打造经济系统中的物质循环流动的闭合回路，并对不可再利用的废弃物进行无害化处理，使得物质顺畅地重新进入生态系统之中，从而将经济系统中的物质循环与生态系统中的物质循环统一起来，促进经济系统和生态系统之间的共生协调（冯之俊，2004）。循环经济在发展理念上，就是要改变重开发、轻节约，片面追求 GDP 增长，重速度、轻效益，重外延扩张、轻内涵的传统经济发展模式，把传统的依赖资源消耗的线性增长经济，转变为依靠生态型资源循环来发展的经济。它既是一种新的经济增长方式，也是一种新的污染治理模式，同时又是经济发展、资源节约与环境保护的一体化战略模式。

循环经济与生态经济既有紧密联系，又各有特点。从本质上讲循环经济就是生态经济，就是运用生态学规律来指导人类社会的经济活动。但是，生态经济强调的核心是经济与生态的协调发展，注重经济系统与生态系统的有机结合，强调宏观经济发展模式的转变；循环经济侧重整个社会物质循环应用，强调的是循环和生态效率，资源被多次重复利用，并注重生产、流通、消费全过程的资源节约。

五、复合生态系统管理理论

最初生态系统管理理论的产生、发展和应用主要集中在自然生态系统领域。

生态系统管理（ecosystem management）理论是运用系统工程的手段和生态学原理去探讨复合生态系统的动力学机制和控制论方法，协调人与自然、经济与环境、局部与整体在时间、空间、数量、结构、序理上复杂的系统耦合关系，促进物质、能量、信息的高效利用，技术和自然的充分融合，生态系统功能和居民身心健康得到最大限度的保护，经济、自然和文化得以持续、健康发展的一门新兴交叉边缘学科。生态系统管理不同于传统环境管理，不着眼于单个环境因子和环境问题的管理，更强调整合性、共轭性、进化性、系统性、耦合性、平衡性和自组织性。生态系统管理理论的诞生为20世纪80～90年代发达国家生态产业的产业生态管理提供了理论依据（王如松，2003）。

复合生态系统管理理论是在生态系统管理理论基础上发展起来的。21世纪以来，复合生态系统管理理论成为解决人口—资源—环境—经济—社会巨系统的重要突破口之一。复合生态系统管理理论作为一门新兴交叉学科，其理论发端于1935年英国生态学家Tansley提出的生态系统概念、20世纪30年代末Lindeman提出的“百分之十定律”、20世纪40年代维纳提出的生物控制系统论，以及五六十年代Golley、Odum等生态学家对生态系统理论的基础研究。由于人与自然复合生态系统的多层次和复杂性，复合生态系统管理理论也具有多层次和复杂性。Miller（1978年）总结出19种不同尺度的生命系统的结构与功能。著名的生物控制论专家Vester（1981年）总结出生物控制论的8条定律。Haken（1978年）的协同学理论和Prigogine（1984年）的耗散结构理论为社会经济系统和生态系统分析开辟了一条新的思路。生态学家马世骏、王如松（1984年）提出社会—经济—自然复合生态系统理论和相应的生态规划方法。生态学家Odum（1987年）提出一种用于测度能量在生态系统不同营养级的累积效应和生态复杂性的生态系统能值概念。Checkland（1981年，1990年）在定量与定性数据、主观与客观信息的结合上及系统与环境间的适应性策略方面实现了理论突破。在1988年由Agee和Johnson出版了第一本有关生态系统管理的著作《公园和野生地的生态系统管理》，该书提出了实现生态系统管理的基本目标和过程的理论框架，标志着生态系统管理学的诞生。这些不同学科、专业学者的创新性理论对复合生态系统管理理论的形成、发展和完善起到了至关重要的推动作用。由于研究对象、目的和专业角度不同，生态系统管理的定义也存在三类具有较大差异的观点：一是由学术界特别是生态学家提出，主要强调保持生态系统的结构和功能的稳定性、整体性和持续性，使其达到社会所期望的状态；二是由美国林务局（1992年）、美国森林学会（1992年）、美国国家环境保护局（1995年）、世界自然保护同盟（International Union for Conservation of Nature，IUCN）（1999年）等相关管理机构提出，侧重于强调各自的管理目的和资源管理的方法；三是由专业社团和非政府组织提出，更强调生态、经济和社会目标的协调管理。

复合生态系统是以人为主体的社会经济系统和自然生态系统在特定空间内通过协同作用而形成的复合系统，即所谓的“社会—经济—自然”复合系统（秦书生，2008）。复合生态系统管理的研究强调一种新的管理理念和方法论，强调生态系统结构、功能和生态服务，以及对社会和经济服务的可持续性，为环境决策者提供有效参考、决策依据。其特别注重区域各种自然生态、技术物理和社会文化因素耦合性、异质性和多样性，注重城乡物质代谢、信息反馈和系统演替过程的健康度，以及系统的经济生产、社会生活及自然调节功能的强弱和活力，其中生态资产、生态健康和生态服务功能是当前复合生态系统管理研究的热点（于贵瑞等，2002）。

由于复合生态系统管理不同于传统环境管理，不着眼于单个环境因子和环境问题的管理，更强调整合性、共轭性、进化性、系统性、耦合性、平衡性和自组织性。因此，复合生态系统管理理论与实践也大致经历了 4 个发展阶段：污染防治的应急环境管理（20 世纪 60 年代以前），清洁生产的工艺流程管理（20 世纪 70～80 年代），生态产业的产业生态管理（20 世纪 80～90 年代），生态社区的生态系统管理（20 世纪 90 年代至今）。目前，已基本形成了产业生态管理（eco-industrial management）、城镇生态管理（eco-settlement management）、区域生态管理（eco-regional management）、生态基础设施管理（eco-infrastructure management）等几个分支研究领域。由此可见，复合生态系统管理理论的诞生为 20 世纪 80～90 年代发达国家生态产业的产业生态管理提供了理论依据。

复合生态系统管理理论是在国外生态系统管理理论的充分发展推动下，逐渐被我国学者引入国内的。早在 20 世纪 80 年代初，我国生态学奠基人之一马世俊院士就提出了复合生态系统概念和有关生态规划理论和方法。其后，在王如松等学者的推动下得到了较大发展。但由于种种原因，直到 20 世纪末复合生态系统管理理论在国内都未能得到足够的重视。20 世纪 90 年代中后期我国学者赵士洞、任海、傅伯杰、王如松、于贵瑞等对生态系统管理的概念和理论框架进行了较早的理论和实践探索。尤其在自然生态系统管理理论与实践方面，首先得到了足够的关注和投入，其中以于贵瑞等学者为代表。该研究小组对生态系统管理科学的概念、原则、方法、原理、要素、区域尺度、生态学基础理论、发展方向进行了细致、全面和深入的理论研究，并首次在国内提出了依托于生态管理科学的生态信息科学这一新兴交叉学科，同时还提出了生态管理科学的 7 种发展趋势：空间尺度的全球化、时间尺度的长期化、研究问题的复杂化和综合化、定位观测的自动化、观测项目的综合化和观测手段的多元化、区域生态环境数据获取的“3S”化、成果表达的数字化和图像化、研究目的更加重视生态系统的调控和管理。近几年，我国在复合生态系统管理研究领域取得了长足进展。

随着科学技术、经济社会和文化的发展，流域及流域经济、流域环境的概念又有了更为丰富的内涵，除了具有自然、社会、经济基本构成要素外，还具有复杂的层次结构和整体功能。由此，树立流域可持续发展观，从流域环境与发展统一的角度考虑基于流域生态系统、流域经济系统和流域社会系统的复合巨系统管理，实现流域的全面、协调和可持续发展，成为世界各国政府和学术界长期关注的热点和难点问题。流域生态系统管理是建立在自然生态系统基础上，从整个流域全局出发，统筹安排、综合管理、合理利用和保护流域内各种资源，从而实现全流域综合效益最大和社会经济的可持续发展。流域生态系统管理有明确的可持续驱动目标，由政策、协议和实践活动保证其实施，并在对维持流域系统组成、结构和功能、必要的生态作用和生态过程最佳认识的基础上从事研究和监测，以不断改进管理的适合性（铁燕等，2010）。流域生态产业是建立在流域生态经济系统管理基础上，从流域全局出发，统筹安排，综合管理，合理利用和保护流域内各种资源，实现全流域综合效益最大化和社会经济的持续、健康发展。由于流域复合生态系统所形成的生态过程相当复杂，包括流域人口、资源、环境、经济、社会等复杂子系统，在生态管理上涉及对农户、社区、区域、产业结构、土地利用模式、自然资源开发利用等，因此，流域生态产业理论体系研究就成为流域生态产业实践的关键和前提。

六、可持续发展理论

可持续发展涵盖了生态、经济社会等多方面的内容，内涵较广，于是形成了不同角度考察所得出的多种多样的定义。据不完全统计，迄今可持续发展的定义已达百种以上。比较普遍的可持续发展的定义有：在连续的基础上保持或提高生活质量；在保持能够从自然资源中不断得到服务的情况下，使经济增长的利益最大化（Munasinghe 和 Mcneely，1996）；在生存不超出维持生态系统涵容能力的情况下，改善人类的生活品质（世界自然保护同盟等，1992）；当发展能够保证当代人的福利增加时，也不应使后代人的福利减少（Pearce 和 Warford，1993）；等等。目前我们最一般的意义上得到广泛接受和认可的 1987 年世界环境与发展委员会（World Commission on Environment and Development，WCED）公布了关于世界重大经济社会资源和环境问题的长篇专题报告——《我们共同的未来》，将可持续发展定义为“既满足当代人的需要，又不损害后代人满足需要的能力的发展”（WCED，1997），此后该概念被广泛接受并引用。

可持续发展的本质含义是：健康的经济发展应建立在生态可持续能力、社会公正和人民积极参与自身发展决策的基础之上；可持续发展所追求的目标是既要使人类的各种需要得到满足，个人得到充分发展，又要保护资源和生态环境，不对后代人的生存和发展构成威胁（谭崇台，2001）。可持续发展的内涵概括起来主要有三点：生态可持续性、经济可持续性和社会可持续性。三者相互联系、相互制约，共同组成了一个复合系统。在可持续发展复合系统中，生态可持续性是基础，它强调发展要与资源环境的承载力相协调；经济可持续性是条件，它强调发展不仅要重视增长数量，更要追求改善质量、提高效益、节约能源、减少废物，改变传统的生产和消费模式，实现清洁生产和文明消费；社会可持续性是目的，它强调发展要以改善和提高生活质量为目的，与社会进步相适应。

第二节　生态产业的内涵、结构与系统功能

一、生态产业的内涵与特点

关于何为生态产业，以 R. A. Frosch 和 N. E. Gallopoulos（1992）为代表的学者认为：生态产业是一个能量、物质消耗最优化的系统，产业废物最少，一个过程的产品是下一个过程的原料，在这个系统里技术、生产、消耗得到最和谐的统一。P. Hawken（1993）也认为，是按照自然系统的营养的传递、物质循环和能量流动来塑造产业系统，使一家企业的产出成为另一家的投入。N. Gertler（1995）等也从成本—收益的角度阐述了这种系统：区域内一系列企业通过交换和利用副产品或能源实现在传统非链接模式下无法获得的收益，即原材料使用的减少、能源效率的提高、废弃物的减少和有价值输出物数量和种类的增加。M. Schlarb（2001）和 A. Posch（2002）将系统要素扩展到企业、社区、政府等多个层面，将生态产业的内涵做了进一步的深化，为区域可持续发展战略的研究奠定了一定的基础。

王如松和蒋菊生（2001）认为生态产业是按生态经济学原理和知识经济规律组织起来的基于生态系统承载能力、具有高效的经济过程及和谐的生态功能的网络型、进化型产业。它通过 2 个或 2 个以上的生产体系或环节之间的系统耦合，使物质和能量多级利用、高效产出并持续利用。生态产业的组合、孵化及设计原则主要包括横向耦合、纵向闭合、区域整合、柔性结构、功能导向、软

硬结合、自我调节、增加就业、人类生态和信息网络等环节（邓伟根和王贵明，2005）。其实质是食物链理论在产业中的应用，通过不同产业和行业对自然生态的模拟，按照食物链网的形式进行横向耦合，形成集生产、流通、消费、回收、环境保护及能力建设为一体的产业链网，为废弃物找到下游的“分解者”，使各企业的各种废物在不同行业、企业间利用，建立物质的多层分级利用网络和新的物质闭路循环（陈效兰，2008）。通过“资源—产品—再生资源”的物质反复循环流动的过程，使整个经济系统及生产和消费的过程基本上不产生或只有最低限度的废弃物，从而最大限度解决环境与发展之间的尖锐冲突（周文宗等，2005）。

生态产业具有和谐性、高效性、持续性、整体性和区域性等特征（董岚，2006）。①生态产业系统的和谐性。生态产业系统的和谐性不仅仅反映在产业系统内的要素及之间的共生和谐关系上，还反映在人与自然和谐的关系上，以及人与人和谐关系上。现代人类活动促进了经济增长，却没能实现人类自身强有力的群体互助。生态产业系统不仅通过环境建设，用自然绿色点缀的刻板的人居环境，还通过生态文化营造出“爱的氛围”。②生态产业系统的高效性。生态产业系统改变传统产业“高能耗”“单向式”的运行模式，提高一切资源的利用效率，物尽其用、地尽其力、人尽其才、各施其能、各得其所。物质、能量实现多层次分级利用，信息劳动实现共享，废弃物实现循环再生，使整个区域以生态产业系统为引擎，呈现出生机勃勃的高效运转的态势。③生态产业系统的持续性。生态产业系统是可持续发展理论的重要实践内容。在可持续思想的指导下，通过兼顾不同的时间、空间合理配置资源，公平地满足现代与后代在发展和环境方面的需要，不是只顾眼前的利益用“掠夺”的方式促进经济暂时的“繁荣”，而是以“可持续”为核心的方式保持其健康、持续、协调发展。④生态产业系统的整体性。生态产业系统不是一味追求经济效益，而是兼顾社会、经济和环境三者的整体性效益；不仅重视经济发展和生态环境协调，更注重对人类生活质量提高，是在整体协调的新秩序下寻求发展。⑤生态产业系统的区域性。生态产业系统是依托于区域而建立的，因而其本身就有显著的区域理念。不仅如此，它还是建立在区域平衡基础之上的。区域之间通过相互联系、相互制约实现平衡协调，而这种配合协调的区域是以人与自然和谐为价值取向的。为了实现这个目标，全球必须加强合作，共享技术与资源，形成互惠共生的网络系统，建立全球生态平衡。

二、生态产业的结构及其系统功能

20 世纪七八十年代，生态产业体系研究主要集中在生态农业研究方面。1973 年中国第一次环境保护会议确定将环境纳入国民经济计划发展战略，认识到协调好生态环境进行经济建设的重要性。鉴于当时我国处于以农业为主、开始重视工业建设向工业化过渡时期，因此我国生态产业体系研究主要集中在生态农业方面，生态工业方面的研究很少。90 年代，生态产业体系的研究主要集中在林业生态体系和产业体系研究方面。随着生态体系和产业体系研究逐渐深化，出现针对具体区域的生态产业体系建设的概念。90 年代末至今，生态产业体系建设扩展到了第一、第二、第三产业、由生态体系和产业体系相分离转到二者统一的生态产业体系研究上来。一些专家学者在理论层面进一步扩大对生态产业体系研究范围。尤其是 2005 年以后，研究成果逐渐增多，对于生态产业体系构建理论研究更加细化、方法更加新颖、研究范围更宽，实证研究越来越多，在地区上涵盖了中西部的主要省份，在产业上涵盖了林业、矿业、造纸业等。李文东（2009）提出构建生态产业体系是形成长江上游生态屏障和实现成渝经济区经济良性发展的重要内容。孔凡斌（2009）分别从地理区域、经济区域和企业三个层面构建了区域生态产业体系和具体的项目结构，设计了区域生态产业体系的空间布局总体框架和产业集聚模式。席旭东和宋华岭（2009）提出了产品生态产业链、剩余生态产业链和能量生态产业链三种矿区生态产业链类型；指出矿区生态产业链的产业结构由前导产业、传递产业、末端产业所组成。在此基础上，创新性地构建了矿区生态产业链（网）的产业链接方式，并分析了矿区生态产业链（网）所具有的特性。徐承红和张佳宝（2008）对构建四川生态产业体系的制约因素、基本框架做了详细分析，并提出了政策建议。李志刚（2007）简要介绍了陕西、甘肃、宁夏接壤区生态产业，特别是生态农业发展的 6 点构想。胡仪元（2007）在深入分析当前汉水流域生态环境现状的基础上得出，要解决该地区的生态环境问题就必须促进汉水流域的县域生态产业开发，同时指出汉水流域的县域生态产业的构建主要包括主体构建、客体构建和环体构建三个层面。林素兰和姚远征（2008）从区域和小流域水土保持的角度分析了大凌河流域的生态产业建设模式。张军涛和傅小锋（2004）分析了辽宁省发展生态产业的背景条件和生态产业发展现状，解析了其发展生态产业面临的主要问题，探讨了生态产业的发展潜力，并提出相应的策略。

（一）生态产业的结构

生态产业的结构由各个产业和产业间的环境所构成，它包含了生态农业、生态工业和生态服务业。

1. 生态农业

生态农业是根据生态学、生态经济学原理，在中国传统农业精耕细作的基础上，依据生态系统内物质循环和能量转化的基本规律，应用现代科学技术建立和发展起来的一种多层次、多结构、多功能的集约经营管理的综合农业生产体系。以协调人与自然的关系、促进农业和农村经济、社会可持续发展为目标，通过生态与经济的良性循环，对各类农作物进行综合搭配、合理利用农业资源，最大限度地减少农业资源消耗，最大限度地防止生态环境污染，是向着健康、环保、安全方面发展的新型农业。以“整体、协调、循环、再生”为基本原则，以继承和发扬传统农业技术精华并采用现代农业科技手段为技术特点，强调农、林、牧、副、渔五大系统的结构优化，把农业可持续发展的战略目标与农户微观经营、农民脱贫致富结合起来。

2. 生态工业

生态工业是依据生态经济学原理，仿照自然界生态过程物质循环方式来规划工业生产系统，以现代科学技术为依托，运用生态规律、经济规律和系统工程的方法经营和管理的一种综合工业发展模式。在生态工业系统中各生产过程不是孤立的，而是通过物流、能量流和信息流互相关联，一个生产过程的废弃物可以作为另一过程的原料加以利用。汤慧兰和孙德生（2003）等学者对生态工业系统的特征进行了阐述，大致可以概括为具有物质循环和能量流动、企业动态演化、脆弱性和双重性四个特征。生态工业追求的是系统内各生产过程从原料、中间产物、废弃物到产品的物质循环，达到资源、能源、投资的最优利用。它要求从宏观上使工业经济系统和生态系统耦合，协调工业的生态、经济和技术关系，促进工业生态经济系统的人流、物质流、能量流、信息流和价值流的合理运转和系统的稳定、有序、协调发展；在微观上做到工业生态资源的多层次物质循环和综合利用，提高工业生态经济子系统的能量转换和物质循环效率，从而实现工业的经济效益、社会效益的同步提高，走可持续的工业发展道路。

3. 生态服务业

生态服务业是以生态学理论为指导，依靠技术创新和管理创新，按照服务主体、服务途径、服务客体的顺序，围绕节能、降耗、减污、增效和企业形象理念实践于长远发展中的新型服务业。主要包括两大类：一类是社会生态服务业，另一类智力生态服务业。前者以提供社会服务为目的，包括生态旅游、自然保护区建设；后者则以研发、教育和管理为目的，包括生态信息、生态金融、风险评估、生态产业教育等产业。在生态经济功能上相当于生态系统中的消费者。生态服务业强调服务业企业生产循环中的资源再生利用，是一种可持续发展模式。在经营理念上，在保持传统服务业在产业关联层面上与农业、工业之间表现出密切的技术经济联系，在强调服务业与农业、工业相互之间的供给和需求联系的基础上，更加注重结合循环经济发展模式的特点，力求通过生态服务业的建设，促进生态农业与生态工业的建设，从而推动整个生态经济的发展。

在关于生态产业系统的构建方面，以 Schlarb（2001）和 Posch（2002）为代表，他们认为，生态产业系统企业之间可以通过建立物资和能量交换的共生关系或者将区域的政府、社区公众加入企业间的循环，形成多方的合作，建立系统的物资流、能量流、信息流、人才流的体系。Lambert 和 Boons（2002）的主要注意力仍集中在生态产业园，他们认为目前生态产业系统除了包括大型重工业企业之间建立资源交换关系的企业联合体之外，也包括各种中小型企业组成的混合产业园。另外，虚拟生态产业园也是生态产业构建的一种模式。Lowe 等（1997）的观点是对上述两种观点的综合，他们认为生态产业的构建不仅可以通过生态产业园的模式，还可跨出这个特定的园区，在更广泛的区域内建立一定的产业链接。

（二）生态产业系统的功能

生态产业系统具有多种功能，是一个复合功能系统，它除了具备一般生态经济系统均有的物质循环、能量流动、信息传递之外，由于其特定的结构又有其相应的特殊功能。归纳起来可以概括为经济功能、生态功能和文化功能。

经济功能是指生态产业系统从系统内外获取生态资源和经济资源，再经过系统中的投入产出链加工，向社会提供所需的产出——产品、服务和文化。系统能够合理开发利用资源，为社会提供能源、原材料及其他产品与服务。生态产业系统不仅要满足区域内外消费需求，还能发挥对区域产业系统发展的主导和驱动作用。并能借助于大量的物质流、能量流、信息流和价值流，实现产品生产功能、流通功能、消费功能，以及废弃物资源化处理等各种功能。

生态功能是指生态产业系统为区域经济系统及居民的生产、生活活动提供一定数量与质量的生态环境资源功能的总称，包括资源供给、环境接纳、废弃物分解还原等生态调节功能。随着社会的发展和人们生活水平的提高，居民的需求也从基本的物质消费需求转向包括物质、精神和生态等多方面的需求，其中的生态需求正日益成为人们的重要需求。生态产业系统除了能提供较高质量的生态环境以满足人们的生活需求外，还能提供经济生产所需要的一定的环境资源。该系统不仅能通过自然的调节与净化功能维持能流和物流的通畅，还能通过对生态农业的开发、污物的防治及处理，以及合理的产业布局，来迅速恢复并维持其生态活力并具备创造新的生态资源的能力。

生态产业系统也具有一定的文化功能。随着人类对地球环境的破坏加剧，自然生态系统为人类生存与发展提供的服务功能越来越弱；与此同时，在高物质条件的环境里，自然的调节能力日渐衰退，取而代之的是人类日益膨胀的对自然的控制。工业时代在带来物质文明的同时也产生了野蛮的生态观。

生态文化是人与环境和谐共处、持续生存、稳定发展的文化，包括体制文化、认知文化、物态文化和心态文化。文指人（包括个体与群体）与环境（包括自然、经济与社会环境）关系的纹理或规律，化指育化、教化或进化。生态文化不同于传统文化之处在于其综合性、整体性、适应性、俭朴性和历史延续性。

这种文化能够促进人们在对自然的认识、生产经营观念及消费观念方面的转变而促进人类与自然，以及人们之间的和谐共生，从而保证整个社会的可持续发展目标的实现。在对自然的认识方面，从农业时代的人与自然的“天人合一”关系转变为“天人对立”的关系，再到现在生态时代“和谐共生”的关系。在生产经营观念方面，通过无害环境的生产技术的应用，实现单纯追求经济目标向追求经济、生态双赢目标的转变。在消费观念方面，能够引导人们从传统的物质消费观念转变为节约资源和能源、注重生态的绿色消费观。

生态产业的构建与发展，将提供一个崭新的视角，促使人类重新去看待人与自然的关系，从而建立一种新型的文化和思想，使得经济能够与自然和社会和谐共处并得以持续发展。

经济功能可以不断提高生态产业系统的整体实力，为生态功能和文化功能的实现奠定物质基础；完善的生态功能又能促进系统经济功能的顺利实现；生态文化的渗透与实施又从意识层面保证生态功能的实现，并对经济功能起着正确的指导作用。

三、生态产业与传统产业比较

生态产业是按生态经济原理和知识经济规律，以生态学理论为指导，基于生态系统承载能力，在社会生产活动中模拟自然生态系统建立的一种高效的产业体系。通过生态产业的发展既要达到发展经济的目的，又要保护好人类赖以生存的生态环境。生态产业与传统产业最大的不同是：生态产业谋求资源的高效利用和有害废弃物的最小排放甚至是零排放。它要求企业承担社会服务功能，而不仅是利润最大化，谋求工艺流程和产品结构的多样化，增加就业机会。企业发展的多样性与优势度，开放度与自主度，力度与柔度，速度与稳度达到有机的结合，污染负效益变为资源正效益。生态产业不同于传统产业，但又是对传统产业的继承和发展。表 2-1 为生态产业与传统产业的比较。

表 2-1 生态产业与传统产业比较

类别	生态产业	传统产业
指导思想	生态学规律、可持续发展	机械论规律，自然资源取之不尽，用之不竭
增长方式	质量型经济增长	数量型经济增长
资源使用特征	低开采、高利用、低排放	高开采、低利用、高排放
污染治理	清洁生产	末端处理
经济发展模式	资源—产品—再生资源的反馈式流程	资源—产品—污染排放单向流动的线性经济
注意力	资源生产率	劳动生产率
价值观	经济、社会、环境的协调发展	金钱至上，竞争
规模化趋势	产业多样化、三大产业组合	产业单一化、大型化
系统耦合关系	横向、符合生态经济	纵向、部门经济
功能	产品＋售后服务＋生态服务＋能力建设	产品生产
经济效益	长期效益高、整体效益大	局部效益高、整体效益低
废弃物	系统内资源化、正效益	向环境排放、负效益
调节机制	内部调节、正负反馈平衡	外部控制、正反馈为主
社会效益	增加就业机会	减少就业机会
行为生态	主动、一专多能，行为人性化	波动、分工化、行为机械化
自然生态	厂外相关环境构成符合生态体	厂内生产与厂外环境分离
稳定性	抗外部干扰能力强	对外部依赖性高
进化策略	协同进化快、代价小	更新换代难、代价大
可持续能力	高	低
决策管理机制	生态控制，自我调节能力强	人治，自我调节能力弱
研究与开发能力	高、开放性	低、封闭性
工业景观	绿色、和谐、生机勃勃	灰色、破碎、反差大

资料来源：王如松和杨建新，2000

第三节 生态产业的构建模式与实践应用

传统的经济增长模式在创造物质财富的同时，忽视了经济结构内部各产业之间的有机联系和共生关系，忽视了经济系统和自然生态系统之间的物质、能量和信息的交换和循环规律，致使资源枯竭和生态恶化。而对于生态产业理论方面的研究其思想根源就来源于对大规模工业生产的严重污染与防治的思考，所以大多数成果是站在工业的角度上阐述生态产业理论。事实上，生态观念已经深深融入各类产业的发展，旅游业、物流业、建筑业等产业也积极寻找产业生态化的有效路径，探索各产业的生态性发展进而构建生态产业体系的研究也越来越多。

生态产业是按生态经济原理和知识经济规律，以生态学理论为指导，基于生态系统承载能力，在社会生产活动中模拟自然生态系统建立的一种高效的产业体系，主要包括生态农业、生态工业和生态服务业。生态产业的构建模式根据三次产业划分法，有生态农业的构建模式、生态工业的构建模式、生态服务业的构建模式。

一、生态农业的构建模式

生态农业是运用人、光、气、热、水、养分等资源的有机结合与物质能量转化规律和生物之间的相养共生规律，通过人的劳动和干预，建立起按自然规律运行的高效人工生态系统，即在生态稳定的前提下实现农业生产的高效、农产品高质量的农业生态系统（李志刚，2007）。在生态农业建设中，兼顾经济、生态及农业实践中的稳定性和可操作性的一个系统或单元，可称为一个农业模式。生态农业模式是一种在农业生产实践中形成的兼顾农业的经济效益、社会效益和生态效益，结构和功能优化了的农业生态系统。发现、设计、评估和推广生态农业模式是生态农业建设的核心。

（一）农林立体结构生态农业模式

该模式是利用自然生态系统中各种生物种群的特点，通过合理组织，建立各种形式的立体结构，以达到充分利用空间，提高生态系统光能利用率和土地生产力，增加物质产品生产的目的。因此该模式是一个空间上多层次和时间上多序列的产业结构。按照生态经济学原理使林木、农作物（粮、棉、油）、绿肥、鱼、药材、实用菌等处于不同的生态位，各得其所，相得益彰，既充分利用太阳辐射能和土地资源，又为农作物营造一个良好的生态系统。农林立体种植结构大大提高太阳能的利用率和土地生产力，是我国生态农业建设过程中的一种主要技术类型。

（二）物质能量多层次分级利用生态农业模式

该模式主要利用了物质循环再生原理和物质多层利用技术，模拟不同种类生物群落的共生功能，包含分级利用和各取所需的生物结构。此类系统可进行多种类型和多种途径的模拟，并可在短期取得显著的经济效益。

（三）生物物种共生生态农业模式

该模式利用生态学中互惠共生原理，在农业生态系统中通过人工诱导可以激发多生物种群间的多种共生互利关系，以取长补短，强化系统内循环作用，节约外部能量投入、减少化学物质的施用数量，不仅降低成本，而且具有很高的生态效益。这种生物物种共生模式在我国主要有稻田养鱼、鱼蚌共生、禽鱼蚌共生、稻鱼萍共生、苇鱼禽共生、稻鸭共生等多种类型。

（四）水陆循环生态农业模式

该模式根据边缘效应，充分发挥食物链结构，构建水陆物质循环的生态农业模式。桑基鱼塘是比较典型的水陆物质循环生态系统。该模式已推广成为较为普遍的生态农业类型。该模式由 2 个或 3 个子系统组成，即基面子系统、鱼塘子系统和联系系统。基面子系统为陆地系统，鱼塘子系统为水生生态系统，两个子系统中均有生产者和消费者。联系系统起着联系基面子系统和鱼塘子系统的作用，是由基面种桑、桑叶喂蚕、蚕沙养鱼、鱼粪肥塘、塘泥为桑肥等各个生物链所构成的完整的水陆循环的人工生态系统。

（五）家庭生态农业模式

该模式主要是运用生态经济学原理，利用房前屋后的空闲庭院进行集约经营，把居住环境与生产环境有机集合起来，以充分利用土地资源和太阳能，并用现代化的技术手段经营管理，以获得经济效益、生态效益和社会效益的统一。“猪—沼—果”模式、“鸡—猪—沼气—菜”模式都是家庭生态农业模式的代表。北京京郊大兴县留民营从 1982 年开始进行生态农业实践，在生态农业建设过程中逐渐形成了“鸡—猪—沼气—菜”的家庭循环系统，经过多年的实践，已经形成了以沼气站为能源转换中心，促进各业良性循环，清洁生产、循环利用的生态农业模式。实践证明，在一家一户的生产单元里，建设小型循环系统是可行而且有利的，可以在不增加农户负担的基础上，产生较为明显的经济和生态效益。

（六）多功能的贸工农综合型生态农业模式

生态系统通过代谢过程使物质流在系统内循环不息，并通过一定的生物群落与无机环境的结构调节，使得各种成分相互协调，达到良性循环的稳定状态。这种结构与功能统一的原理，用于农村工农业生产布局和生态农业建设，便形成了贸工农综合经营模式，延伸了产业链条，实现了贸工农一体化，“种加养一条龙”的格局，使生态产品得到了进一步的增值。比如，龙头企业带动型、骨干基地带动型、优势产业带动型、专业市场带动型、技术协会带动型，通过各种形式体现的贸工农综合经营模式，有利于延长食物链、生产链和资金链，使农林经济得到可持续发展（沈满洪，2008）。

二、生态工业的构建模式

生态工业模式打破了传统经济发展理论把经济系统和生态系统人为割裂的弊端，要把经济发展建立在生态规律的基础上。即考虑对产品的整个生命周期采取污染预防战略，同时运用工业生态系统理论构建生态共生体系，以求实现资源利用效率最大化和生态化的最高目标。按照生态原则组织工业生产，首先从改革工艺、消除废料做起，进一步提高能效和降低物耗，使生产过程与环境相容，生产产品与环境友好。将资源和能量利用的开环过程变为闭环过程，逐渐调整工业系统内部的结构关系，以谋求经济发展和自然的和谐一致。生态工业模式主要以循环经济理论为指导，在减量化、再利用、再循环原则下，以物质闭路循环和能量梯级使用为特征，按照自然生态系统物质循环和能量流动规律运行，如图 2-2 所示。

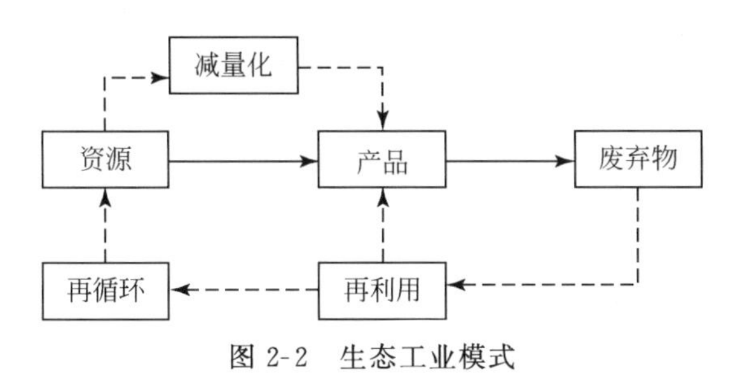

图 2-2　生态工业模式

胡山鹰和李有润（2003）认为生态工业系统可能在企业内部的不同工艺流程中建立，或者是在一个联合企业构成的企业群落，或者是在一个包含若干工业企业，以及农业、居民区等的一个区域系统，即生态工业园区的范围内建立。生态工业模式具体体现在以下 4 个层面。

（一）企业层面

1. 企业清洁生产的推行

清洁生产是循环经济理论在微观层面上的应用。企业清洁生产的推行指的是企业运用产品的生命周期理论，结合自身的实际情况从选材、过程控制、产品设计和废弃物的再使用、再循环 4 个方面综合考虑，力求达到企业的经济效益、生态效益双赢。清洁生产的 3R 原则，要求企业在进行生产时，不仅应做到原材料使用数量的减少和环境质量的提高，还应对传统生产意义上的废弃物进行再使用和再循环。生产过程中或消费后产生的废弃物应进行回收利用，以避免对环境造成负担。

2. 实施工业企业绿色管理

在工业环境管理方面提高企业环境管理水平，在企业内部进行环境教育和宣传，同时大力加强落后企业的生态化改造。大力推行清洁生产，尤其是针对石化、电力、造纸、啤酒等高能耗、高物耗和高污染行业产生的废水、废气和固体废弃物，进行减量化与资源化，鼓励企业创造条件积极争取 ISO14000 环境管理体系认证，达到清洁生产的要求。并引入循环经济的生产经营机制，延长产品的生命周期，延伸产业链，将其建设成为环境友好企业。

（二）产业层面

1. 促进相关企业的产业组合

为了提高生态系统的总体的经济效益，必须对相关企业进行一定的产业组合，便于相关企业的物质流、能量流和信息流及环境管理的协调与控制。相关企业的整合是为了提高生态工业系统的系统稳定性而对现有的产业链进行延伸，有利于企业的各种资源的优化配置，降低经营和管理成本，权衡各方面的利益，保证各成员企业的原料供应和生产产品的质量和数量，减少企业风险以提高系统内的企业的共同的抗风险能力并提高系统的综合经济效益。

2. 产业联营

物质的多层次交换的实现不仅依赖于相关企业的产业组合，也必须借助不同产业的多业联营。企业之间除了通过产品进行产业链延伸之外，还可通过产业和再生资源的融合，建立工业共生关系乃至生态工业系统，从而使物质在更广泛、更立体的层面上得以循环和利用。资源在跨行业、跨部门的不同的经济领域内交换，可以使参与生态链（网）建设的各个部门和产业实现多方共赢，充分体现基于循环经济的生态工业理念。

3. 工业园区层面

当前生态工业面临着前所未有的机遇。生态工业园区是发展生态工业的重要载体，研究生态工业园区的发展模式具有重要的现实意义。所谓生态工业园区，就是若干企业或一个企业集团内不同的子企业集聚在一定的区域内，分别承担生产者、消费者、分解者的角色，依据生态工业原理，充分利用不同产业、项目或工艺流程之间资源、主副产品及废弃物的横向耦合、纵向闭合、上下衔接、协同共生关系，运用现代化的工业技术、信息技术和经济措施优化配置组合，建立一个物质、能量多层利用、良性循环且转化效率高、经济效益与生态效益双赢的工业链（网）结构，实现可持续发展的生产经营模式。目前，生态工业园区大致可分为改造型、全新规划型和虚拟型三种类型。

改造型园区是对现已存在的工业园区或大型工业企业，按照生态工业学的原理，通过适当的技术更新、改造或引进新的产业、项目、工业流程等，以期在其区域内成员间建立起物质、能量的多级利用关系和废弃物处理及回收再利用关系。这种方法对老工业区改造很有借鉴意义，并且更能适应老工业企业密集的城市。全新规划型是在事先园区规划和设计的基础上，从无到有地按照生态工业园区的规划设计方案进行建设，使得园区达到资源充分利用、主副产品多层利用、废弃物循环利用、排放无污染的标准。虚拟型园区是利用现代信息技术和交通运输技术，在计算机上建立成员间的物、能交换关系，然后在现实中通过供需合同加以实施，这样园区内企业可以和园区外企业发生联系。

在园区成员的选择上要充分考虑成员间在物质和能量的使用上是否能形成类似自然生态系统的生态链或食物链，只有这样才能实现物质与能量的闭路循环和废弃物最少化。园区成员间是否具备规范的供需关系及供需规模、供需的稳定性等都是在成员的选择中要重点考虑的问题。因此，生态工业园区设计的关键是成员企业类别、规模、位置上的匹配。发展生态工业园区应立足于现有园区的改造，针对不同类型，采取相应的措施。即以改造重构型发展模式作为生态工业园区发展的方向，而不是大量建立新园区。在现有经济开发区、工业小区或高新技术园区的基础上，对园区内企业的技术经济联系按照工业生态学原则进行重新整合，或引进若干能够建立工业共生关系的企业，将现有工业园区改造成为生态工业园区。这样既有利于现有工业园区的发展，又可以节省大量投资。

我国积极开展生态工业及循环经济方面的研究工作，探讨和发展生态工业园区这一工业模式。从 1999 年开始，国家环境保护总局（简称国家环保总局）在全国范围内积极推进循环经济的理论研究和实践探索。在对我国循环经济战略框架、立法和指标体系等深入研究的基础上，起草了《关于加快发展循环经济的意见》，制订了循环经济省、市和生态工业园区建设规划指南，并于 2003 年发布了循环经济示范区与生态工业园区的申报、命名和管理规定。我国在三个层面上逐渐展开循环经济和生态工业园区的探索，并取得了积极成效。

1）在生态工业园区的基本单位层面上建立以清洁生产为核心的物质小循环。自 2002 年我国颁布《清洁生产促进法》以来，我国已在 20 多个省（自治区、直辖市）的 20 多个行业、400 多家企业开展了清洁生产审计，建立了 20 个行业或地方的清洁生产中心，有 5000 多家企业通过了 ISO14000 环境管理体系认证，几百种产品获得了环境标志。

2）在区域层面上形成中循环，国家环保总局先后设立了多个生态工业示范园区试点，实现了发展经济与保护环境的双赢，对推动循环经济工作具有重要的示范作用。

3）建设生态工业园区。我国在20世纪建立了大量的工业园区，其中经国务院批准的有113个，各地自行建立的不计其数，但是在经历了经济开发区、高新技术开发区两个阶段的经验积累后正朝向第三代的生态工业园区发展。2002年，国家环保总局正式挂牌，确认广西贵港生态工业（制糖）园区和广东南海生态工业园区为国家生态工业示范园区。同年，国家环保总局组织通过了几个国家生态工业示范园区建设规划的论证，包括黄兴国家生态工业示范园区、包头国家生态工业（铝业）示范园区和石河子国家生态工业（造纸）示范园区。目前全国已有8个省开展了生态省建设，循环经济示范省、市达到5个。辽宁各市均制定了发展循环经济规划；广东编制了珠江三角洲环境保护规划；贵阳颁布了我国第一部循环经济法规，为推进循环经济建设提供了法律保证；天津、山东、辽宁、云南、安徽等省（市）的循环经济试点取得了积极进展（薛东峰等，2003）。

（三）工业布局层面

发展生态工业，其布局合理与否影响它的环境、经济、社会效益，甚至影响整个工业体系的发展，因此在生态工业发展中要调整好工业布局。对原有大型工业企业，由于其规模大，资金有限，搬迁费用高，主要还应在原有基础上进行改造；对那些经济效益差，污染严重而无力改造的企业应关闭；对一些效益较好，但企业内部不能实现污染“零排放”的企业，应在企业间建立工业生态链（网），实现废弃物循环再利用。

（四）政府层面

1. 转变传统产业发展思路

在生态产业发展思路上，在产业空间布局层面，在产业结构调整方面，在生态产业发展与地区经济发展协调方面，在生态产业科研方面，在生态产业重大工程建设方面，在相关政策法规、综合考核目标责任制、环境影响评价法等方面都要进行改革，转变传统的产业发展观念。

2. 加强环境法制建设

法律强制是惩罚破坏生态环境行为的主要手段，也是循环经济发展的主要驱动力之一，要通过完善相关法律法规，加大监督、执法力度，完善法规体系。一方面要制定和完善相应的生态环境保护条例、环境影响评价法实施细则、排污收费办法等法规，另一方面要结合乌江流域各区县不同的生态环境现状与经济、社会发展特点，借鉴发达国家和国内部分省市经验，研究建立生态产业法规体系。在此基础上，基本建立起生产者责任制度，制定相应生态产业发展评价标准，弥补现有企业法、资源法中关于生态保护的不足。

3. 建立和完善经济政策体系

国外生态产业成功经验表明，有效的经济政策是生态产业发展的重要推动力和必要保障。充分发挥市场机制对资源配置的基础作用，要利用各种经济手段，包括建立环境税收制度、财政信贷鼓励制度、环境达标标志制度、押金制度等措施，使生产的外部不经济性内部化。

4. 强化技术支撑保障体系

充分发挥科技作为第一生产力的作用。加强促进生态产业与循环经济发展的关键技术的研发，建立环境工程技术、废弃物资源化技术、清洁生产技术"绿色支撑体系"。环境工程方面，重点抓生态产业的培育与环境污染综合控制技术的开发和研究（周芳，2008）。生态产业的培育方面，结合各地的实际特点，选择合理的产业结构；在循环经济的技术方面，重点抓好节能降耗、废旧物资利用和废弃物资源化再生三大环节。要积极引导企业成为环保产品技术开发的主体，加大环保科技投入，加大对国外环保产业先进技术的引进、消化、吸收和创新；引导科研院所从事新技术发展的前期研究，跟踪世界新技术发展动态，争取在清洁生产、生物技术、膜技术、在线监测技术、工程设计技术、净化机理、生态修复技术等方面有所突破，组织力量开展有关循环经济关键技术的科技攻关，并列入长期发展规划中。

5. 强化公众参与

公众参与是推进生态产业发展和环境保护建设的重要载体，居民生态意识和环保素质是各地生态文明建设的重要组成部分。同时要充分发挥新闻媒体、社会团体和活动载体的作用，大力宣传生态产业与循环经济理念，宣传生态产业知识，倡导生态文明。当前，重点要建立和完善生态环境违法行为有奖举报制度、项目环境管理公示制度、企业环境行为信息公开化制度、重大工程环境影响评价公众听证制度等，通过多种方式加强居民对涉及生态环境问题的政府决策的知情权、参与权和监督权，并及时处理居民反映的环境要求和建议。

6. 开展"绿色 GDP"核算

要建立循环经济，关键环节是改革现行经济核算体系，建立"绿色 GDP"核算体系。"绿色 GDP"不仅是一种新的经济指标，而且是一种新的发展思维。它要求人们在经济发展过程中，不仅要看到眼前的、显在的正产值，而且要看到有长远影响的、潜在的负产值。同时建立相应的考核指标，将这一体系和干部考核、政府绩效挂钩，以改变用单纯的 GDP 取人论事，而对全面、协调、可持续发展重视不够的现状。

三、生态服务业的构建模式

（一）生态物流业

生态物流是现代物流发展的一种必然趋势，并具有重要现实意义。实现生态物流，将有利于提高我国物流管理水平，实现节能减排目标，保护环境和实现经济可持续发展。在全球化背景下，生态物流可以通过绿色物流、敏捷物流、精益物流、逆向物流、循环物流、环保物流等形式来实现（李艳波，2008）。

绿色物流主要是指在物流过程中抑制物流对环境造成危害的同时，采用先进的物流技术、物流设施，最大限度地降低对环境的污染，实现对物流环境的净化，提高物流资源的利用率。从企业角度来看，绿色物流管理的措施主要有：绿色运输，包括共同配送、复合一贯制运输、第三方物流等；绿色包装，减少产品包装对环境的影响；绿色仓储；绿色加工；废弃物物流管理等。从政府层面来看，开展绿色物流管理的措施主要有：加强立法工作，按照“谁污染谁负责，谁开发资源谁利用废弃物”原则，制定适应我国国情的法律法规；利用经济杠杆的作用，减少自然资源的消耗，鼓励再生材料的使用；开展相关的绿色认证工作，推广环境标志制度，积极推行ISO14000国际标准环境管理认证体系。从消费者角度来看，要积极倡导绿色需求、绿色消费。迫使企业加强绿色物流管理（邹华玲和王新，2005）。

敏捷物流是在供应链一体化的基础上，为满足目标顾客的准时化需求，综合运用各种敏捷化管理手段和技术，利用合作伙伴间的协同关系和信息的共享，将合适质量、合适数量的目标产品以合适的方式配送到合适地点，满足顾客个性化、大规模定制的需要，从而实现快速、高效、成本与整体效率优化的物流系统。将敏捷化思想运用于物流管理中，其实质是优化整合企业内外资源，更多地强调物流在响应多样化客户需求方面的速度目标。敏捷物流具有快速响应、顾客满意、合作双赢、供应链一体化的集成、成本效率等特性。快速响应是基本特征和衡量尺度，也是实施敏捷物流的突破口和根本要求；顾客满意是敏捷物流的目标和中心原则；合作双赢是敏捷物流运行的机制和服务准则；供应链一体化的集成是敏捷物流的基础；成本效率原则即“价值最大化”是敏捷物流的核心和最终目标。这些因素共同作用保证敏捷物流的最终实现。实现敏捷物流的措施有JTT采购、“零库存”管理、合理化配送、延迟化技术、资源外部管理等。

精益物流是消除一切浪费，在适当的时间、适当的地点，提供适当的产品。与供应链管理的思想密切融合的物流配送就是精益物流的雏形。具体来讲，精益物流就是通过消除生产和供应过程中的非增值的浪费，以减少备货时间，并根据顾客需求，提供顾客满意的物流服务，同时追求把提供物流服务过程中的浪费和延迟降至最低程度，不断提高物流服务过程的增值效益。精益物流是一种良性循环的动态系统集成。这种系统以客户需求为中心，准时、准确、快速，使物流总成本不断降低、提前期不断缩短、浪费不断减少、效率不断提高，从而保证整个系统持续完善。精益物流是从顾客的角度而不是从企业或职能部门的角度来研究价值；正确认识价值流，让价值流顺畅，持续改进追求卓越等。

我们通常说的物流都是指正向物流，但一个完整的供应链不仅应该包括“正向”的物流，还应该包括逆向的物流。逆向物流是“计划、实施和控制原材料、半成品库存、制成品和相关信息，高效和成本经济地从消费点到起点的过程，从而达到回收价值和适当处置的目的”，是一种包含了产品退回、物料替代、物品再利用、废弃物处理、再处理、维修与再制造等流程的物流活动。可见，逆向物流是在整个产品生命周期中对产品和物资的完整、有效、高效的利用过程。

循环物流，是由正向物流与逆向物流相互联系构成的物流系统，强调从循环经济和环保角度形成共生型的物流系统。其核心是实现对资源的有效管理和控制，为消费者提供最大利益，为物流链带来最佳经济效益和社会效益。循环物流具有整体性特征。它要求将物流活动的全过程作为一个整体来考虑，注重物流系统的全局利益而不是局部利益，不是各个物流功能要素简单的叠加，而是从系统的角度对各种物流要素的优化组合和资源合理配置，最终实现资源消耗和污染的减量、物流效率的提高和物流总成本的降低。循环物流通过供应链的管理和产品生命周期两种运作模式，应用供应链网络的设计技术、库存管理技术、生产计划和调度技术、产品的回收网络技术、再制造和制造混合库存管理技术和再制造的生产计划与调度技术等来实现生态物流产业的构建（赵方兴和卢毅，2008）。

环保物流是指连接环保供需主体，克服时空阻碍，使商品和服务流动，以实现顾客满意的环境经济管理活动过程。环保物流从环境的角度对物流体系进行改进，形成环境共生型的物流管理系统（孙永波，2008）。现代环保物流融入了可持续发展理念，将环境管理导入物流系统，强调全局和长远的利益，强调对环境的全方位关注，是一种全新的物流形态。环保物流是一个多层次的概念，它包括环保销售物流、环保生产物流和环保供应物流。环保物流和逆向物流是有区别的。环保物流主要是在认识到物流活动对生态环境影响的基础上尽量减少对环境的破坏，保持生态的平衡。而在逆向物流中，按照其处理的对象是产品还是包装将其划分为两大领域，其中绝大部分涉及包装的活动可以归入环保物流的范畴。环保物流中强调的不仅仅是指对包装的回收和重复利用，还指对包装的重新设计，以便使用更少的原材料，节约资源和减少环境的污染物。

（二）生态房地产

房地产产业是我国经济的支柱产业，房地产产业的生态性构建对于生态产业的建设有着重要的意义。但是目前基于环境角度对于房地产产业的生态化研究并不多，一些对于房地产产业生态化的研究多是应用生态学的理论来分析和解释房地产当中的问题，试图解决的是房地产市场本身存在的问题。例如，如何优化房地产市场结构，如何构建合理高效的金融链条，如何解决土地问题，如何构建房地产市场优良的外部环境等。生态房地产的构建包括对房地产开发项目进行生态评估、对房地产开发项目进行生态环境保护、建设生态节能建筑等。

生态房地产业的生态评估包括对“现有环境干扰程度”分析评估，对人的影响和对“可再生能源循环利用程度”分析评估两项（陈蔚和胡斌，2004）。对“现有环境干扰程度”分析评估包括：场地分析和场地评价。前者是将场地分解为基本部分，把需要保护的区域和系统分离出来，并认清需要调节的所在地及外部区域的因素。后者是应用一个针对该场地对项目开发用途（功能）的适应性的评价标准，检查场地分析中所收集和确认的数据，确定具体场地因素重要性的级别，并在可能的情况下认清它们之间相互关系的过程，以确定场地能够支持该项目用途的最大容量，而不伤害关键系统，也不需要特别的开发费用。对人的影响和对“可再生能源循环利用程度”分析评估基本包括：建筑设计方法是否满足“生态设计”要求的评价；建设施工过程是否考虑“对基地和环境的生态影响”评价；建筑本身的主要建筑材料的安全性、节能性、可循环利用性的评价；建筑运行中对太阳能等可再生能源利用性评价；对建筑内外能量交换方式评价。

房地产开发项目的生态保护措施需从生态环境特点和保护要求，以及项目工程特点两个角度出发，主要从 4 个方面来考虑：保护、恢复、补偿和建设。在建设前和建设中应注意保护生态环境的原质原貌，尽量减少干扰与破坏，贯彻“预防为主”的思想。对于不可逆的生态影响，预防性保护几乎是唯一的措施。房地产开发项目都要占用土地，改变土地使用功能，事后很少能恢复生态系统的结构，因此生态环境的恢复主要指恢复其生态环境的功能。恢复是一种重建生态系统以补偿房地产开发活动损失的环境功能的措施。补偿分为原地补偿和异地补偿两种形式。补偿中最重要的是植被补偿，可按照生物质生产等当量的原理确定具体的补偿量。在生态环境已经相当恶劣的地区，为保证地区的可持续发展，房地产开发项目不仅应保护、恢复、补偿直接受其影响的生态系统及其环境功能，还需要采取改善区域生态环境、建设具有更高环境功能的生态系统的措施。

建设生态节能建筑。针对生态节能建筑的自身特点，在整个房地产开发过程中采用整合的理念，即在前期工作阶段就有生态节能的专业人员介入，综合考虑规划、建筑、结构、能源系统、暖通等各方面因素，提出初步的生态节能方案；在后续的设计施工中综合建筑、规划、景观、结构、暖通空调、给排水、建筑电气、楼宇控制和室内设计等各个专业成果，综合采用成熟的高新技术及产品。

（三）生态旅游业

生态旅游是以生态环境或生态资源为主要旅游对象，以欣赏大自然风光、接受生态知识的科普教育或探索、研究生态科学为主要内容及目的的一种新型的综合性旅游类型。生态旅游也被称为“绿色旅游”“可持续发展旅游”，它是国际旅游市场20世纪80年代兴起的一种新型的、高级的、体现了可持续发展思想的旅游。它源于自然环境保护和人们旅游需求这两种独立发展内容的交叉结合。生态旅游与文化旅游是当今旅游的两大热点。

生态旅游产业的发展，要充分发挥旅游系统共生原理的作用，将旅游产业的发展与区域城市化、生态环境建设有机结合起来，实现协调发展、整体优化，以谋求旅游产业发展效益最大化；要将着力点放在旅游要素的生态化上，即食生态绿色食品、住生态宾馆、坐生态交通工具、游生态意义的景观、购生态产品和无公害产品、开展有益身心健康和生态环境的娱乐活动。在区域生态旅游产业发展上，还必须依托该区域的生态产业，建立良好的生态旅游经济体系、社会体系、技术体系和政策体系，谋求最佳的经济、环境、社会、生态综合效益，进而全面拉动客源地和旅游目的地的社会、经济、生态建设。加强调研，实现科学规划生态旅游产品开发要坚持可持续发展原则，坚持在保护中开发，在开发中保护，严格按照功能分区原则开展生态旅游。坚持特色原则，根据市场需求动态，结合开发条件，进行有重点、有主题、多层次、多特点的系列生态旅游产品开发。坚持整体性原则，注意区域之间的协调，组建跨区域的生态旅游网络。重视传统旅游商品的实用性、方便性，同时要特别重视体现其地方性和环保性；抓好代表地方特色的生态旅游商品开发；加强市场研究，制定市场开发策略，加大市场促销力度和深度；要注意区域品牌的统一性。

发挥政府主导作用。政府主导，即在充分发挥市场在资源配置中的基础性作用的前提下，进一步强化政府的宏观调控能力，积极引导、规范各旅游市场主体的行为，健全现代市场体系，以实现生态旅游资源配置达到或接近最优状态。事实上，从国内外的生态旅游产业发展经验中可发现，该产业在发展的各个环节上都离不开政府的协调。生态旅游产业不仅是一项新兴产业，更是一项综合性强、外部经济性明显、经济部门跨度大、对生态环境条件要求高的产业，生态旅游发展过程中涉及的许多重大问题，如环境保护问题、市场秩序整顿问题、基础设施配套问题、跨区域规划协调问题等，都有赖于政府的推动和实施。

做好生态旅游规划，实行有序开发。应组织一支多学科、多层次、业务精的科技人员到现场调研、实地考察。尤其要对旅游业主体、客体、介体进行科学分析，即游客及未来市场前景，旅游风景资源是否具有吸引游客的物质基础，交通及服务设施是否方便、完备等，都应进行科学评价，并在此基础上进行科学规划。在对旅游区进行开发时，要在开发原则指导下，适度有序地分层开发，在不违背自然规律的情况下，从生态角度去开发富有潜力的生态旅游资源。

增加投入，完善生态旅游区的各项配套设施。首先，要按照资源和环境保护的要求，加强生态保育，加强生态维护，加强环境修复和治理。其次，加强生态旅游的基础设施建设。要按照规划的要求，在环境容量和生态承受能力范围内，完善交通、卫生、通信等基础设施，增强生态旅游的可进入性和交通通达性。最后，是切实加强生态旅游的安全和救援体系建设。开展生态旅游的地区一般地域比较偏，户外项目和户外活动比较多，因此，需要切实加强安全管理，完善安全设施，配备必要的安全设备，建立、健全医疗救护体系和紧急救援体系。

要坚持把实施精品建设作为生态旅游发展的一项重要战略。通过实施精品战略，把发展生态旅游的科学理念贯彻到发展中去，在市场上树立起生态旅游的真实形象和鲜明形象，促进和推进生态旅游发展。我国有很多生态系统十分独特的地区，这些地区受生态保护的严格要求，但其中的部分区域可以在经过批准以后，高水准规划、建设、发展一批真正意义上的生态旅游精品。同时，为适应我国生态旅游发展的需要，进一步规范生态旅游发展，建议有关部门联合制定国家生态旅游认证标准，按照国际上发展生态旅游的要求，对我国典型的生态旅游产品进行认证，以便普及生态旅游的先进理念，树立生态旅游的鲜明独特形象。

强化科技支撑与区域合作。生态旅游是科技含量很高的产业，要积极运用现代科技成果来推动生态旅游产业的提升和可持续发展。一方面要大力推广高科技运用，如建立环境容量评价体系、确定环境破坏和资源消耗的指标体系，进行生态旅游的环境影响和环境承载力科学评估；另一方面要建立生态旅游投资的效益评估体系，以进行生态旅游最低开发成本评估、不同开发模式下生态旅游与当地经济关联度评估，及不同产业之间的优势比较，确定生态旅游产品的优势度。此外，还应大力推进生态旅游信息化建设，利用信息网络技术提升政府服务、行业质量管理、公众旅游引导、目的地营销等方面的产业发展水平。

四、生态产业模式的应用实践

（一）丹麦——生态产业园区的建设

生态产业的典型实践是生态产业园的建设。一些发达国家，如丹麦、美国、加拿大等工业发展和管理先进的国家，很早就开始规划和发展生态产业，其他国家如泰国、印度尼西亚、菲律宾、纳米比亚和南非等发展中国家也正积极开展生态产业的实践。目前，国际上最成功的生态产业园区仍然要数丹麦卡伦堡生态产业园。

卡伦堡产业园区主要是按照工业生态学的原理，通过企业间的物质集成、能量集成和信息集成，形成产业间的代谢和共生耦合关系，使一家企业的废气、废水、废渣、废热成为另一家企业的原料和能源，所有企业通过彼此利用“废物”而获益。经过20多年的发展，该园区已成为一个包括发电厂、炼油厂、生物技术制品厂、塑料板厂、硫酸厂、水泥厂、种植业、养殖业和园艺业及卡伦堡镇供热系统在内的复合生态系统，各企业之间通过利用彼此的余热、净化后的废水、废气及硫、硫化钙等副产品，不仅减少了废弃物产生量和处理的费用，还产生了很好的经济效益，形成经济发展和环境保护的良性循环（李伟和白梅，2009）。图2-3为卡伦堡镇生态产业系统与物流图。

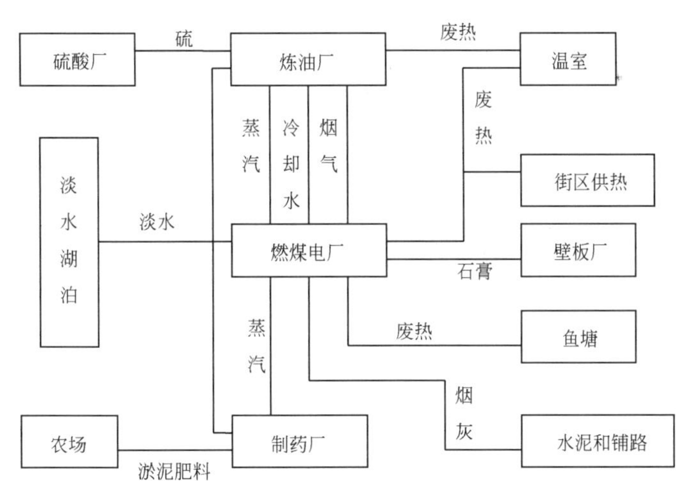

图2-3　卡伦堡镇生态产业系统与物流图

资料来源：曲向荣，2009

（二）日本——垃圾处理

保护环境是日本发展生态产业的主要动因。其环境问题主要表现为垃圾问题、自然资源困境，以及严重的空气污染。日本每年产生4.5亿t垃圾，这些垃圾中的大部分来自工业。在土地短缺情况下，垃圾掩埋成为大问题。伴随着资源和垃圾掩埋空间的减少及垃圾处理成本增加，公众逐渐认识到经济长期高速增长造成的环境成本增加会面临资源严重短缺的限制。日本开始考虑垃圾焚烧，这虽然缓解了垃圾大量填埋而造成的土地压力，但垃圾焚烧生成的二氧化物排放遭到公众的强烈抗议，迫使政府制定更加严格的二氧化物排放标准。为此小的焚烧厂房逐步被关闭，继而原来的垃圾掩埋问题又变得更加突出。通过其他办法解决严重的生态环境问题成为必须，日本中央政府引入贷款项目以鼓励使用绿色能源、热能源及回收物质，同时政府也把正在宣传的生态工业项目作为整合此类创新的一种方法（图2-4）。

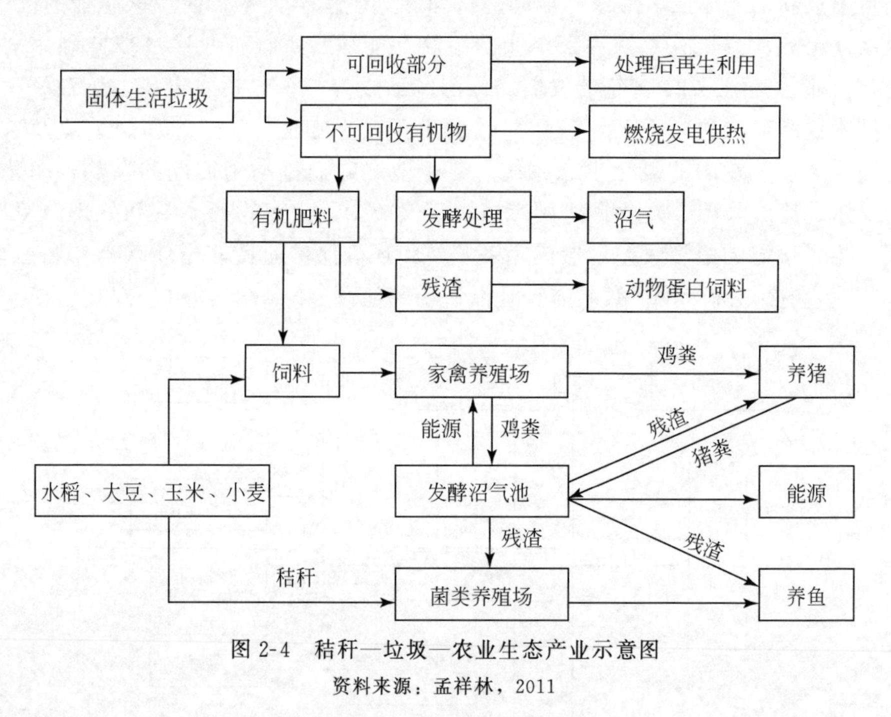

图2-4　秸秆—垃圾—农业生态产业示意图

资料来源：孟祥林，2011

（三）新加坡——循环水系统

新加坡是个严重缺水的国家，其大部分生活用水都由马来西亚提供。因此，水资源短缺是新加坡迫切需要解决的问题。为此新加坡重点通过循环模式解决水资源短缺问题。利用设在房子下面的“废水处理系统”收集废水，处理后再回流到屋内作非饮用水使用。同时充分运用科技手段，将卫生间、沐浴或者洗衣等用过的生活用水进行有效处理制造出“新生水”。

（四）瑞士——废弃物再利用

瑞士通过两种途径实现了废弃物的高效再利用。一是税收，通过对每个塑料瓶征税为其回收筹集专用资金；二是建立专门的废弃手机回收链，通过回收旧手机的专门机构，对废旧手机进行检测、分拣和处理，把可以使用某些零件的手机同无法使用的手机分开，构建了电信产业的新的生态链（孟祥林，2009）。

（五）奥地利——多产业链

奥地利构建了多种生态产业链，包括：①建筑业生态链。建筑会产生很多包括混凝土、沥青及砖石等垃圾，这些垃圾可以作为混凝土的添加物，也可以作为道路施工中的重要辅料，在很大程度上解决了垃圾再生问题。②垃圾发电。早在1963年奥地利就建成了垃圾发电站，不但有效地处理了垃圾，而且解决了奥地利的供热紧张问题。③废油回收。奥地利设立专门的部门向家庭厨房、食品加工业和餐饮业回收废油用来制作柴油或者清洁剂（图2-5）。

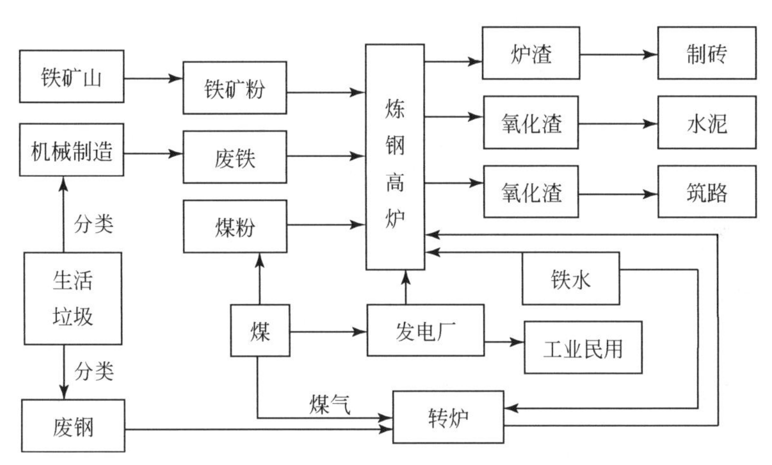

图2-5　矿山—垃圾—冶炼—建筑产业链

资料来源：孟祥林，2011

第三章
乌江流域产业发展历史、现状及其与生态环境的耦合关系

乌江流域蕴藏着丰富的资源，以有色金属冶炼为代表的冶金工业在全国地位十分重要；丰富的水力资源使之被誉为我国十大水电基地之一；药材资源使之成为驰名中外的“药材之乡”；旅游资源富集且可开发潜力大，特别是乌江下游旅游资源的价值已随着重庆直辖市的成立、渝怀铁路的修建、渝湘高速公路等交通设施的开工而成倍上升①。乌江流域既有秀丽的自然风光，丰富的文物古迹，更有独具特色的民俗风情和民族文化。如何利用乌江流域的资源优势，重点抓住矿产、水电、药材和旅游四张资源王牌，迅速发展乌江流域的生态产业，带动乌江流域的区域经济发展，不仅是地方政府迫切需要寻找答案的问题，也是学者们思考和研究的问题。

第一节 乌江流域产业发展历史与现状

一、乌江流域产业发展历史

乌江流域历史上长期是自给自足的山区农业经济，加之交通设施不完善，千百年来，乌江流域的劳动人民沿袭着刀耕火种般的农业生产生活方式，经济发展极其落后，甚至在新中国成立时仍然没有形成具有一定规模的产业格局。经过改革开放 30 多年经济建设，工业特别是煤炭、有色金属、化工和国防工业有了较大发展，形成了机械、食品、冶金、化工、电力、煤炭和轻纺工业等工业部门。农业从单一种植业向种植、畜牧、养殖全面发展的农业结构转化。全流域工农业总产值在 1984 年达到 81 亿元，其中工业和农业总产值大体各占一半，服务业则依然发展落后。

能源、原材料曾是我国重点发展的“瓶颈产业”，在我国改革初期有着广阔

① 中国教育报．2007．彰显地域特色，服务地方经济——重庆市人文社会科学重点研究基地乌江流域社会经济文化研究中心科研侧记．http：//xcb. yznu. cn/xwzx/ShowInfo. asp？ID=359［2007-06-03］

的市场前景。而乌江流域蕴藏的矿产资源具有品种多、品位高、储量大、分布集中、易于开采等特点。现已探明矿产资源52种，其中煤、铝、磷、汞等矿种尤为丰富，铝土矿和磷矿保有储量占全国第二位，煤矿储量居西南之首，是我国的“西南煤海”，贵州汞矿列全国第一位，其他还有铁矿、锰矿和稀有金属等具有较高工业价值的矿种。因此，乌江流域富集的水能资源和矿产资源优势，奠定了乌江流域在产业发展初期的以能源和高耗能工业为主体的产业基本格局。

直到20世纪80年代中期，乌江流域在全国范围内仍然还处于较为贫穷落后的地位，人均产值和收入都远远低于全国平均水平。从流域大部分流经的贵州来看，1985年人均工农业总产值和人均国民收入仅为当年全国平均水平的42%和56.5%，尚有30%农业人口的温饱问题没有解决。

但值得一提的是，自60年代中期开始三线建设以来，流域内机械电子工业获得飞快发展，基本上建成了设备精良、技术先进、具有一定综合配套能力的国防科技工业基地，以及一大批中央和地方的中小机械电子工业企业。其中航天、电子、航空三大国防科技工业基地、精密仪器仪表工业企业的生产能力和技术水平在国内都占有比较突出的地位，不少产品已打入国际市场。这为20世纪90年代以来，乌江流域以能源、原材料工业为主体的产业带的崛起奠定了坚实的基础。不仅为贵州乃至大西南直接提供了充足的能源、原材料等基础工业产品，缓解该地区的紧缺状况，而且还起到了一定的“增长极”的作用。而且20世纪90年代以来，乌江流域的旅游业等现代服务业也逐渐在流域内的各区县得到了重视并呈现蓬勃发展的趋势。

二、乌江流域产业发展现状及主要问题

乌江流域蕴藏着十分丰富的能源、矿产、生物、旅游资源，是西部自然资源最为富集的区域之一。据最新的测算数据，乌江流域水能可开发量达0.1亿kW以上，是我国十大水电基地之一，煤炭保有储量逾400亿t，居我国南方首席。锰、磷、钾、铝、石灰石等矿产资源的储量均位居全国前三甲。境内旅游资源丰厚，“乌江画廊”旅游区被国务院列入长江三峡旅游总体规划，已逐步得到开发。

乌江流域近年来各项产业有了长足的进步。其中，农业生产条件有了一定的改善，已基本改变靠天吃饭的局面；工业也基本具备了一定的基础，各区县均发展起了各自的优势工业；以现代商贸物流、旅游业为主体的第三产业也取得了较好的发展。但是农业生产结构仍然较为单一，长期以来以种植业为主，种植业长期以来以粮食种植为主；工业规模总量仍然偏小；服务业中，除了旅游业发展较为迅速之外，商贸物流业由于基础设施的限制发展仍然较

为缓慢。

(一) 乌江流域农业发展现状及主要问题

1. 发展现状

乌江流域主要的农作物为小麦、水稻、玉米、薯类等；经济作物主要有烤烟、油菜、花生、茶叶等；经济林木主要有油桐、油茶、干果（板栗等）、鲜果（柑、梨、桃、李子等）；中药材主要有金银花、白术、青花椒、天冬、葛根、黄姜等；畜牧品种主要有猪、牛、羊、鸡、鸭及淡水鱼等。

2010 年全流域的农林牧渔业总产值为 876.48 亿元。其中农业产值达到了 534.72 亿元，林业产值达到了 25.03 亿元，畜牧业产值达到 288.38 亿元，渔业产值达到 12.53 亿元，农林牧渔服务业产值达到 15.82 亿元。尽管仅相当于重庆农林牧渔业总产值的 52.37%，却是三峡库区（重庆段）生态经济区农林牧渔业总产值的 1.07 倍。虽然个别区县（如黔西、金沙和云岩）2010 年的农林牧渔业总产值相比 2009 年出现负增长，但是流域范围内绝大多数区县农林牧渔业总产值的增长率普遍处于较高水平，威宁、毕节、开阳和黄平达到 10%以上，个别区县（如赫章和施秉）甚至达到 20%以上，可见其农业发展，尤其是生态农业的发展具有巨大的发展潜力。乌江流域各区、县（自治县）2010 年农业和农村经济情况见表 3-1。

表 3-1 乌江流域各区、县（自治县）农业和农村经济情况（2010 年）

项目 地区	农林牧渔业总产值/万元	农业产值/万元	林业产值/万元	牧业产值/万元	渔业产值/万元	农林牧渔服务业产值/万元	2010 年总产值环比增长/%
秀山土家族苗族自治县	171 684	105 637	7 664	51 764	1 415	5 204	6.2
彭水苗族土家族自治县	209 280	118 081	13 036	75 663	481	2 019	4.6
酉阳土家族苗族自治县	223 928	113 310	16 923	91 349	1 282	1 064	6.7
黔江区	168 749	75 470	10 962	78 882	1 562	1 873	6.0
武隆县	169 746	95 826	6 399	63 658	3 263	600	6.5
涪陵区	449 808	260 596	20 553	126 020	19 359	23 280	6.6
南川区	335 523	149 794	30 663	141 251	9 546	4 269	6.1
威宁彝族回族苗族自治县	353 988	193 409	1 189	152 091	199	7 100	11.1
赫章县	220 649	143 585	4 987	69 110	238	2 729	21.5
毕节市	349 469	206 696	5 424	128 193	569	8 587	10.3
大方县	242 033	153 867	2 583	80 133	1 345	4 105	7.4

续表

项目 地区	农林牧渔业总产值/万元	农业产值/万元	林业产值/万元	牧业产值/万元	渔业产值/万元	农林牧渔服务业产值/万元	2010年总产值环比增长/%
纳雍县	173 092	104 549	909	65 081	747	1 806	0.7
织金县	206 866	116 332	972	84 424	518	4 620	1.4
黔西县	210 251	129 236	1 539	74 266	1 334	3 876	−3.1
金沙县	170 742	108 207	1 534	54 109	2 555	4 337	−0.9
钟山区	40 843	17 110	312	22 515	42	864	7.0
六枝特区	90 086	58 173	2 182	23 801	492	5 438	7.2
水城县	155 310	97 747	2 861	52 422	80	2 200	7.7
西秀区	178 499	100 612	1 550	73 497	2 053	787	6.8
平坝县	86 795	50 996	1 776	31 325	2 084	614	8.8
普定县	93 157	47 699	1 160	41 583	1 952	763	7.1
镇宁布依族苗族自治县	69 118	41 495	2 786	23 178	1 334	325	7.0
关岭布依族苗族自治县	94 887	57 619	4 147	32 184	752	185	7.7
南明区	25 291	18 871	—	6 270	55	95	5.3
云岩区	9 886	6 825	63	2 983	—	15	−9.8
白云区	38 745	26 516	171	11 441	215	402	8.4
乌当区	115 225	84 904	1 174	26 029	1 467	1 651	7.7
小河区	12 624	10 611	—	1 743	190	80	4.3
花溪区	108 902	77 939	216	29 200	147	1 400	8.2
清镇市	160 809	104 583	1 030	50 267	4 259	670	9.6
开阳县	180 611	111 519	1 206	65 456	980	1 450	10.3
息烽县	97 435	66 068	525	26 111	3 978	753	9.2
修文县	131 404	95 222	752	34 098	982	350	9.3
龙里县	73 860	41 190	942	30 646	432	650	7.2
贵定县	70 065	45 936	3 167	17 985	555	2 422	7.2
福泉市	104 690	65 528	929	37 046	887	300	7.1
瓮安县	165 297	83 804	2 210	76 163	1 040	2 080	7.2
黄平县	92 859	59 623	8 619	20 586	1 332	2 699	10.1
施秉县	55 125	41 413	2 586	9 517	661	948	20.7
石阡县	149 798	86 576	2 927	53 901	2 021	4 373	7.9

续表

项目 地区	农林牧渔业总产值/万元	农业产值/万元	林业产值/万元	牧业产值/万元	渔业产值/万元	农林牧渔服务业产值/万元	2010年总产值环比增长/%
遵义县	455 860	311 446	4 975	111 485	22 091	5 863	7.4
桐梓县	190 369	125 089	11 258	50 971	2 517	534	6.9
绥阳县	210 954	168 232	2 730	36 150	1 850	1 992	7.2
正安县	170 856	112 833	15 558	40 046	1 053	1 366	6.9
凤冈县	138 583	87 254	13 594	36 033	740	962	6.9
湄潭县	147 135	108 283	3 052	30 548	2 452	2 800	7.3
余庆县	142 829	93 043	1 800	45 085	1 752	1 149	6.1
道真仡佬族苗族自治县	91 436	60 794	4 846	24 794	622	380	6.4
务川仡佬族苗族自治县	119 837	81 978	3 622	31 313	1 123	1 801	6.7
思南县	236 911	139 102	3 859	81 547	4 172	8 231	8.1
德江县	205 750	129 022	4 674	63 374	2 282	6 398	7.5
松桃苗族自治县	219 133	129 066	5 691	72 704	4 050	7 622	6.3
印江土家族苗族自治县	171 750	95 084	4 085	63 767	3 991	4 823	8.1
沿河土家族自治县	206 264	132 774	1 918	60 070	4 236	7 266	7.6
总计	8 764 796	5 347 174	250 290	2 883 828	125 334	158 170	—

资料来源：《重庆统计年鉴》(2011)，《贵州统计年鉴》(2011)

注：负号代表负增长

2. 主要问题

(1) 农业产业结构不合理。目前，乌江流域主要的农业产业结构还是比较单一，基本是粮、猪二元结构，草食牲畜比重较小，经济作物发展薄弱；产业化水平普遍较低，在中上游地区尤为严重，产品多为初级产品，缺乏深加工、精加工、附加值高的农产品。具有区域比较优势的农业产品、地方特色产品和高科技农业产品生产规模普遍较小，研发能力较弱，在农业产品中的比重较低。资源优势和市场配置作用在大部分区县没有得到有效发挥。流域范围内很多区县基础设施薄弱，技术装备水平不高，相邻区县间的农业产业合作程度较低，难以实现规模经济。

(2) 农产品精深加工环节薄弱，龙头企业偏少。流域各区县龙头企业偏少，部分企业仅在省市范围内有一定影响力，在全国甚至是世界范围内具有一定知名度的农业企业及其商标凤毛麟角。现有的农业企业中，多以初级产品为主，精深加工环节不足。究其原因，资金不足、人才缺乏是一方面，市场意识淡薄，走出去的观念不足则是另一重要方面。

（3）农业产业化总体水平较低，且分布不均衡。流域中上游除了贵州省贵阳市、六盘水市、遵义市部分区县以外，普遍农业化水平较低，下游的重庆市部分区县农业化水平较高。总体呈现出离中心城市较近的区县农业化水平较高，离中心城市较远、交通不便的区县农业化水平较低的趋势。

（4）农业观念落后、劳动力素质不均衡。乌江流域内，部分区县，尤其是距离中心城市较远、交通不便的区县由于多年来与外界交流较少，“原料农业”“吃饭农业”的旧观念和小农意识还占有主要地位，“市场农业”“效益农业”的观念和生态农业意识尚未完全树立。这一观念的存在与这些地区劳动力素质普遍偏低也有着密切的联系。一般来说，距离中心城市较近的区县农业劳动力素质较高，距离中心城市较远、交通不便的区县农业劳动力素质较低。农业较发达地区的农业人口中，具有一技之长的科技型农民和能从事农业专业化、规模化生产的农民较多，而农业经济较落后地区除了外出打工人员带回来一些先进的生产技术之外，大多数农民没有一技之长，仍然以简单的农耕种植和简单的生产劳动为主。

（二）乌江流域工业发展现状及主要问题

1. 发展现状

乌江流域是资源富集地区，煤炭、黑色金属及各种有色金属矿产丰富，随之各区县煤炭、有色金属、化工和国防工业也有较大发展，生产机械、食品、冶金、化工、电力、煤炭和轻纺工业等工业产品。

2010 年，全流域工业总产值达到 1850.76 亿元，其中，乌江流域贵州段境内达到 959.24 亿元，大约是全流域工业总产值的 51.77%，而重庆段则为 891.53 亿元。工业总产值排名前 10 位的依次是涪陵区、南川区、云岩区、钟山区、黔江区、秀山土家族苗族自治区、遵义县、金沙县、毕节市、水城县。少数民族地区特别是乌江流域贵州段工业总产值排名极其靠后，工业发展乏力。具体数据见表 3-2。

表 3-2　乌江流域（贵州段）工业经济发展情况（2010 年）

项目 地区	工业总产值/万元	排名	项目 地区	工业总产值/万元	排名
秀山土家族苗族自治县	601 753	6	小河区	266 261	17
彭水苗族土家族自治县	295 965	14	花溪区	169 290	30

续表

项目 地区	工业总产值/万元	排名	项目 地区	工业总产值/万元	排名
酉阳土家族苗族自治县	240 107	22	清镇市	224 506	25
黔江区	932 559	5	开阳县	222 697	26
武隆县	264 280	18	修文县	128 588	34
涪陵区	5 378 454	1	龙里县	186 014	28
南川区	1 202 164	2	贵定县	115 817	36
威宁彝族回族苗族自治县	140 387	33	福泉市	230 302	23
赫章县	62 401	38	瓮安县	160 453	31
毕节市	395 973	9	黄平县	11 113	54
大方县	262 603	19	施秉县	25 064	49
纳雍县	347 296	11	石阡县	14 446	53
织金县	181 117	29	遵义县	582 046	7
黔西县	256 958	20	桐梓县	120 636	35
金沙县	432 607	8	绥阳县	55 714	39
钟山区	942 002	4	正安县	23 406	50
六枝特区	228 698	24	凤冈县	25 498	48
水城县	381 366	10	湄潭县	55 618	40
西秀区	283 726	16	余庆县	52 075	42
平坝县	215 897	27	道真仡佬族苗族自治县	16 712	51
普定县	145 826	34	务川仡佬族苗族自治县	16 374	52
镇宁布依族苗族自治县	41 067	43	思南县	53 245	41
关岭布依族苗族自治县	27 522	46	德江县	34 781	44
南明区	287 649	15	松桃苗族自治县	99 335	37
云岩区	1 124 040	3	印江土家族苗族自治县	30 089	45
白云区	323 880	12	沿河土家族自治县	27 401	47
乌当区	254 728	21	总计	18 507 632	—
息烽县	309 126	13			

资料来源：《重庆统计年鉴》(2011)，《贵州统计年鉴》(2011)

2. 主要问题

(1) 支柱产业单一、整体抗风险能力较弱。乌江流域工业产业中，各区县的支柱产业较为单一，大部分还是以本地区的自然资源为原料依托，即矿产品加工、食品加工等产业，医药化工、资源深加工在很多区县还没有形成一定的规模，科技含量高的先进技术生产企业更是屈指可数。全流域没有形成完善的工业支撑体系，导致整体上抵抗其他地区、尤其是东部发达地区的竞争能力较弱。

（2）生产经营粗放，科技含量低。乌江流域除部分距离中心城市较近、经济较为发达的区县以外，大部分区县工业企业生产经营方式较为落后，科技含量不高、资源浪费现象较为严重，生态工业模式依然没有建立起来，且工业产品的市场竞争能力较弱。

（3）信息化水平较低。乌江流域由于受到观念、资金、人才等因素的影响，把信息技术应用到产品研发、生产、管理、经营等各个环节，实现产品研发信息化、技术装备数字化、工艺流程自动化、管理营销网络化的工业企业非常少。

（三）乌江流域服务业发展现状及主要问题

1. 发展现状

2010 年，乌江流域社会消费品零售总额为 1243.04 亿元。其中，乌江流域各区县的社会消费品零售总额均比上一年有所提高。各区县已经基本形成了以乡镇中心集镇为骨架、边贸市场为窗口，辐射周边区县、甚至省外地区的市场网络体系。各区县均有数量不等的物流配送中心与 500m^2 以上规模的超市，可以满足本地区的物流配送与居民购物要求。各区县初步形成了传统业态与新型业态的相互补充、业态与功能及业态与布局的基本协调、与市场多元化特征相适应的业态层次结构。2010 年，全流域的城乡居民储蓄为 1417.02 亿元（贵州省部分区县由于数据缺失未列入统计）。各区县的城乡居民储蓄均比上一年有较大提高。具体数据见表 3-3。

表 3-3　乌江流域各区、县（自治县）商贸流通业发展情况（2010 年）

（单位：万元）

地区 \ 项目	社会消费品零售总额	城乡居民储蓄	地区 \ 项目	社会消费品零售总额	城乡居民储蓄
秀山土家族苗族自治县	265 228	403 540	花溪区	188 080	—
彭水苗族土家族自治县	278 036	408 700	清镇市	178 005	374 200
酉阳土家族苗族自治县	251 505	508 380	开阳县	165 037	260 900
黔江区	362 369	480 788	息烽县	86 551	161 700
武隆县	224 198	425 457	修文县	101 300	157 100
涪陵区	1 057 078	1 794 508	龙里县	45 776	114 600
南川区	486 670	744 192	贵定县	60 303	170 400

续表

项目 地区	社会消费品零售总额	城乡居民储蓄	项目 地区	社会消费品零售总额	城乡居民储蓄
威宁彝族回族苗族自治县	125 333	222 600	福泉市	102 848	235 900
赫章县	72 998	217 400	瓮安县	74 618	282 800
毕节市	453 205	697 500	黄平县	47 525	157 100
大方县	115 237	326 600	施秉县	35 294	8 300
纳雍县	102 828	198 300	石阡县	44 012	154 100
织金县	126 388	297 600	遵义县	303 547	712 600
黔西县	131 364	290 100	桐梓县	116 848	345 200
金沙县	133 662	308 300	绥阳县	88 599	281 800
钟山区	726 589	—	正安县	90 163	261 100
六枝特区	163 288	291 000	凤冈县	76 965	188 400
水城县	77 681	—	湄潭县	117 524	313 200
西秀区	275 901	—	余庆县	74 069	207 200
平坝县	104 154	295 700	道真仡佬族苗族自治县	56 396	215 000
普定县	78 715	121 500	务川仡佬族苗族自治县	56 624	172 300
镇宁布依族苗族自治县	83 665	111 100	思南县	101 709	283 100
关岭布依族苗族自治县	93 099	127 900	德江县	70 954	161 500
南明区	1 596 102	—	松桃苗族自治县	98 665	257 800
云岩区	1 812 751	—	印江土家族苗族自治县	54 035	203 000
白云区	189 694	—	沿河土家族自治县	76 978	219 700
乌当区	119 580	—	总计	12 430 428	14 170 165
小河区	410 685	—			

资料来源：《重庆统计年鉴》(2011)，《贵州统计年鉴》(2011)

乌江流域是旅游资源富集地区，经过沿江各个地区的大力开发，逐渐形成了以乌江为连接线，各区县旅游景点为点的特色山峡旅游带。各区县旅游业发展状况极不均衡，旅游总收入差距较大。究其原因，一是旅游资源存量的多少不一；二是有些区县并非傍乌江干流，乌江山峡旅游资源并未给其带来旅游业的发展；三是道路等基础设施的不完善、资金短缺等，都使得某些区县旅游业发展缓慢，没有充分融入到乌江山峡旅游带。

2. 主要问题

(1) 商贸流通业依然落后，群众购买能力较低。尽管近几年乌江流域各区县商贸流通业有了巨大的发展，城乡居民储蓄水平也有了较大的提升，但乌江流域绝大部分区县依然是经济不发达地区，个别地区甚至还是国家级贫困县。经济的落后造成群众购买力低下，致使商贸流通业档次较低，很多区县仍是以百货业为主，业态落后，影响了乌江流域总体商贸流通产业的发展。

（2）商业功能不完善，布局不合理。乌江流域除了部分区县经济较发达外，大部分区县商业功能不尽完善，缺乏前瞻性的统一规划，布局也不尽合理，商业网络布局过于分散。很多区县由于基础设施建设滞后，商贸批发、分销环节较为薄弱，影响了该地区商贸流通业的发展和商贸辐射力的发挥。

（3）旅游业基础薄弱，发展滞后。尽管乌江流域内各区县均有效地利用本地区的旅游资源大力发展旅游业，但总体发展水平仍然较低，旅游基础设施较为落后，旅游产品更新较慢，旅游服务质量有待提高，旅游资源的整合开发和宣传力度较小，与长江三峡及旅游发达省份相比还有一定的差距。

（4）资金匮乏，投资力度不大。由于近几年国家及贵州省、重庆市的普遍重视，乌江流域经济发展速度有了较大的提升，但总体水平仍然有限。不少区县财政对商贸流通业、物流业、旅游业等行业的支持力度有限，固定资产投资相对于贵州省和重庆市中心城市差距较大，直接影响了乌江流域商贸流通业、金融业、物流业及旅游业的发展。

第二节　乌江流域产业发展与生态环境的耦合关系分析

产业发展作为区域经济系统作用于生态环境的关键环节，与区域自然资源、生态环境存在着显著的互动关系。当微观的生态环境污染治理越来越受到限制，自然资源供给越来越紧缺，环境自净能力越来越低下的时候，人们便把目光转向产业结构的调整及生态产业的建立。发展生态产业旨在促使区域产业体系向可持续发展转型，是区域循环经济系统建立的基础。通过了解环境受到的影响来促进地区产业发展，是建设和谐社会的前提条件。尽管生态产业发展研究目前已成为多学科综合研究的国际性前沿问题，但是在我国的西部地区，目前尚未将生态产业发展与资源环境变化有机地耦合起来，更不用说定量地探讨二者交互影响机制的规律了。这一点在我国人口较为集中、经济发展潜力较大，但生态环境较为脆弱的乌江流域更明显。

乌江流域属亚热带季风气候区，气候温和，雨量充沛，年平均气温13～18℃。它不仅是我国西南人口较为集中的地区，也是目前西南经济最具开发潜力的地区，更是我国生态环境建设的重要地带。然而，由于产业发展与流域生态环境及水资源的空间分布不相吻合，导致流域经济发展较为落后，工业相对发达的地区生态环境退化的现象较为严重。近年来，尽管流域范围内的区县都试图通过建设生态产业、生态工业园区等途径协调产业发展与生态环境保护的关系，但受到资金投入、思想观念、利益驱动，以及地质、自然灾害频发等因素的影响，生态环境与生态产业发展至今仍处于不协调的状态，流域生态环境并没有得到根本改善。为此，本书以乌江流域产业发展具有一定特色、产业发展与生态环境关系较为紧密的贵州沿河土家族自治县、重庆南川区、重庆武隆县为实证调查研究地区，定量测算生态产业发展、生态环境状况，以及两者的耦合关系，旨在为促进乌江流域生态产业发展、建立全流域的“生态产业—生态环境—经济社会”协调发展系统提供一定的理论依据。

一、乌江流域生态环境质量评价

（一）建立评价指标体系

以乌江流域生态环境质量的综合评价为目标，结合流域自然环境状况及主要生态问题，选取气候因子（权值 0.2）、水资源因子（权值 0.3）、土地因子（权值 0.3）、植被覆盖因子（权值 0.2）四组指标建立乌江流域生态环境质量评价指标体系（赵雪雁等，2005；申文明等，2004）。具体指标体系见图 3-1。

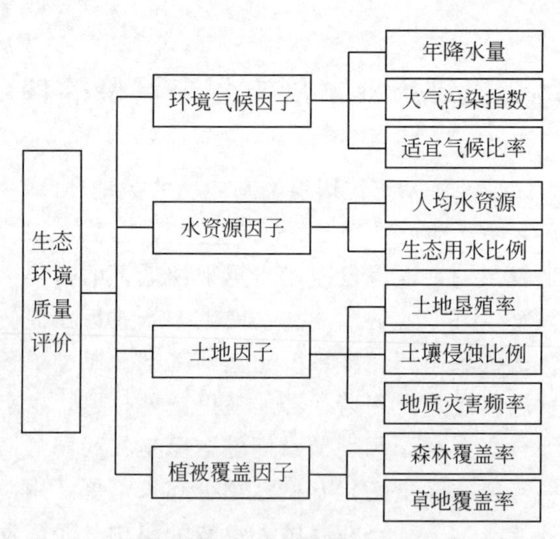

图 3-1　乌江流域生态环境质量综合评价指标体系

（二）数据标准化

在上述指标体系中，有些指标与生态环境质量是正相关的，即该指标数据越大，则生态环境质量越高，如生态用水比例、年降水量、森林覆盖率和草地覆盖率等指标；有些指标则与生态环境质量呈反相关，如大气污染指数、土壤侵蚀比率、地质灾害频率等（文传浩等，2008；王军等，2006）。

指标的标准化公式为

$$Q_i = \frac{X_i - X_{\min}}{X_{\max} - X_{\min}} \tag{3-1}$$

式中，Q_i为指标的标准化值，X_i为 i 指标的原始值，$X_{\max}$、$X_{\min}$为评价区内 i 指标的最大、最小值。

（三）生态环境质量综合评价模型及结果

采用多级加权求和的方法来实现研究区域生态环境质量的定量评价。计算公式为

$$E = \sum_{i=1}^{m} W_i \cdot Q_i \tag{3-2}$$

式中，W_i为 i 指标的权重，E 为生态环境质量指数。

利用上述模型可计算乌江流域贵州沿河土家族自治县、重庆南川区、重庆武隆县的生态环境质量得分（表 3-4）。

表 3-4　乌江流域生态环境质量

指标	贵州沿河土家族自治县	重庆武隆县	重庆南川区
环境气候指数	1.00	0.82	0.91
水资源指数	0.79	0.72	0.67
土地指数	0.74	0.76	0.81
植被覆盖指数	0.82	0.86	0.75
生态环境质量指数	0.81	0.78	0.75

从生态环境质量指数来看，乌江流域生态环境质量不具有明显的区域差异，但仍然能够看出微妙的变化，即自中上游向下游具有一定的恶化趋势。生态环境质量最好的是贵州沿河土家族自治县，其次为重庆武隆县，最差的是重庆南川区。这是因为，乌江流域中上游作为产流区，降水多、植被覆盖良好，因而生态环境质量最好，生态环境质量指数高达 0.81。中游降水量减少、干燥度增加、水土资源开发利用强度提高，同时，重庆南川区与武隆县人口密集度相对于贵州沿河土家族自治县要高，人类活动相对频繁，进一步降低了生态环境质量。重庆市武隆县地质灾害频发，也一定程度上破坏了当地的植被与生态环境，导致生态环境质量指数偏低。重庆市南川区由于工业较为发达，水泥加工与铝产品加工企业密集度较高，在一定程度上降低了生态环境质量。

二、研究区产业结构效益测算

(一) 指标体系及标准化

为了准确、客观地描述产业发展的效益，可以从经济效益、资源效率和资源供需、环境承载力等方面出发，构建指标体系进行分析。其中，经济效益可以用人均 GDP、居民人均纯收入、全员劳动生产率、总资产贡献率、成本费利润率、人均社会消费品零售额来衡量；资源效率、资源供需主要用水资源、土地资源来衡量；环境承载力用大气环境、水环境来衡量。在此，仅从经济效益这一个侧面来反映乌江流域生态产业发展的具体效益。

对上述指标作标准化处理，得出

$$P_i = \frac{E_i - E_{\min}}{E_{\max} - E_{\min}} \tag{3-3}$$

式中，P_i 为 i 指标的标准化值，E_i 为 i 指标的原始值，$E_{\max}$、$E_{\min}$ 为评价区内 i 指标的最大、最小值。

(二) 产业发展效益分析

乌江流域产业结构的效益可以根据下式计算：

$$U = \sum_{i=1}^{n} W_i \cdot P_i \tag{3-4}$$

式中，U 为研究区域产业发展效益指数，P_i 为各指标的标准化值，W_i 为各指标的权重。

根据上述模型，可以计算出研究区域的产业发展综合效益，如表 3-5 所示。用产业发展效益指数分析，乌江流域产业发展效益自中上游向下游在空间上呈下降趋势。其中，贵州沿河土家族自治县的产业发展效益最低，为 0.41。尽管在调研过程中也能看到这几年来全县产业结构快速调整，但由于受到经济基础薄弱、人口素质普遍偏低、交通不便等因素的制约，产业发展较为缓慢。重庆武隆县与南川区的经济发展指数较高，均达到了 0.6 以上，但两区县的产业结构有较大差异。武隆县虽然为国家级贫困县，但同时也是资源大县，凭借其丰富的农业、林业资源与闻名世界的旅游资源，近几年发展十分迅速，工业发展也呈现出速度加快、效益提高、后劲增强的良好态势。频发的地质与自然灾害、人口素质低等依然是制约武隆县发展的主要方面。重庆南川区经济较为发达，产业结构合理，产业发展前景广阔，其中第二产业增加值超过了贵州沿河土家族自治县与重庆武隆县的总量之和。但由于部分水泥与铝产品加工企业污染治理不到位，在一定程度上影响了南川区的环境质量。总体上看，乌江中下游地区的产业结构基本上决定着整个乌江流域产业结构调整与产业发展的主要方向。

表 3-5　乌江流域产业发展效益

	贵州沿河土家族自治县	重庆武隆县	重庆南川区
产业发展效益指数	0.41	0.63	0.78

三、乌江流域产业发展与生态环境耦合分析

产业发展效益指数作为衡量经济发展水平的状态指标，与资源、生态环境之间存在着显著的互动关系。一方面，产业结构的组合类型和强度在很大程度上决定了经济效益、资源利用效率和对环境的危害程度；另一方面，区域自然资源的质量、数量及结构决定着主导产业、支柱产业的选择，环境通过环境承载力对产业的发展起到制约作用。

现阶段，乌江流域中上游大部分区县的生态环境质量指数均大于产业结构效益指数，下游的个别区县生态环境质量指数都小于产业结构效益指数。由数据可知，生态环境质量与产业结构效益呈现一定程度上的反相关关系，即生态环境质量好的地区，产业结构效益较低；生态环境质量差的地区，产业结构效益反而较高。这说明，乌江流域中上游地区的产业发展尚未充分发挥生态环境的承载潜力，而下游地区的产业发展已呈现出超出生态环境承载能力的势头，对生态环境已产生了一定的威胁。

图 3-2 为乌江流域三区县产业发展效益指数与生态环境质量指数的变化关系。为了衡量乌江流域产业发展与生态环境的关系，可以引入生态产业协调度来定量描述该区域的产业发展与生态环境质量之间的耦合程度。

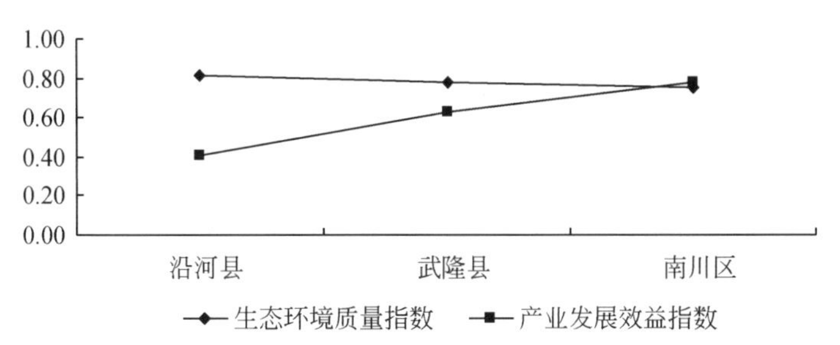

图 3-2　乌江流域三区县产业发展效益指数与生态环境质量指数的变化关系

生态产业协调度是指生态环境与生态产业在发展过程中彼此和谐一致的程度，是区域生态经济系统得以健康发展的根本保证。作为生态环境与生态产业发展的综合反映，生态产业协调度可用线性加权平均法进行计算。

$$C = E \cdot W_e + U \cdot W_u \tag{3-5}$$

式中，C 为生态产业协调度，E、U 分别为生态环境质量指数、产业发展效益指

数，W_e、W_u为其权重。

由公式可知，$0 \leqslant C \leqslant 1$。当 $C=1$ 时，协调度最大，区域生态环境与产业经济系统处于有序、协调、相互促进的状态；当 $C=0$ 时，协调度最小，区域生态环境与产业经济系统处于无序、相互制约的状态。

根据模型，计算出上述三个研究区域的生态产业协调度（表 3-6）。

表 3-6　乌江流域三区县生态产业协调度

	贵州沿河土家族自治县	重庆武隆县	重庆南川区
生态产业协调度	0.61	0.71	0.76

从生态产业协调度来看，乌江流域生态产业协调度自中上游向下游依次升高，贵州沿河土家族自治县最低，为 0.61；处于中下游的重庆武隆县与南川区的生态产业协调度依次升高，而且均高于 0.7。这一变化趋势与生态环境质量指数的变化趋势相反，与乌江流域产业发展效益指数变化趋势一致。说明乌江流域自中上游向下游，生态产业发展对生态环境的依赖性呈逐渐下降的趋势，即生态环境质量指数逐渐减少的同时，生态产业协调度逐渐提高，说明随着各区县生态产业的发展，对生态环境的破坏性逐渐降低。尽管南川区在经济快速发展的同时，生态环境质量有所降低，但产业发展效益提高更多，这与该地区构建生态工业园区，大力扶持生态产业不无关系。

第四章 乌江流域生态产业构建与发展模式

发展生态产业是乌江流域产业发展的必然选择，也是紧迫的选择，但是其现状并不乐观，提高经济总量和增加社会综合效益的矛盾相互交织，发展生态产业的道路并不平坦。进一步辨析存在于政府、企业和消费者三个方面的障碍因素，定性、定量分析各因素对发展生态产业的影响方向和力度，以及挖掘可资利用的优势，有利于引导乌江流域建立自己的生态产业体系、选择适宜的生态产业发展模式。

第一节 乌江流域生态产业体系构建主导因素分析

一、障碍因素分析

（一）环境政策的“缺位”与“错位”

产业发展与生态环境保护需要一种制度与体制，这种制度和体制在经济运行过程中应形成互为关联、相互作用、彼此制约、协调运转的各种机能的总和。受传统发展观及政绩观的影响，目前我国的环境政策多数仍然处于“以行政命令、末端治理、浓度控制、点源控制为主”的阶段，乌江流域在资源探测、资源开采、资源加工、资源运输管理、资源消耗预警、资源使用监测及资源节约调控等方面还没有形成以保护生态环境为主导，以促进经济可持续发展的有效运作机制。社会主义市场经济体制下实施可持续发展的环境政策体系仍有待建立与健全；在制定环境政策方面还存在“机制不够配套”等问题。在现有的产业发展上，流域内也没有形成一个统一的生态产业协调发展机制，而依然主要是以行政区划为主进行产业规划和发展。

（二）资源配置能力不足，环境承载力有限

工业化过程是人类大量耗费自然资源、快速积累社会财富、高速发展经济、不断提高生活水平的过程，是人类发展历史上不可逾越的阶段。工业化过程中，城市化、城镇化、基础设施建设快速发展，第二产业的比例不断增大，资源消费量随经济的快速发展而迅速增长。乌江流域的第二产业的发展主要是以水电

和重工业为主。这种以能源、金属、矿产资源为主要消耗的产业导致资源消耗从地表以上转向地表以下，环境污染已从地表水延伸到地下水，从一般污染物扩展到有害污染物，已形成点源与面源污染共存、生活污染与工业排放叠加、各种新旧污染与二次污染相互融合的态势，大气、水体、土壤污染相互作用的格局，对生态系统、食品安全、人体健康构成了日益严重的威胁。

(三) 政府政策执行不力

我国现行的环境投资体制基本上是延续计划经济体制，环境保护责任及其投资基本上由政府承担。随着经济的发展，环境资金需求压力急剧扩大，使这种主要依靠政府财政拨款的环境投资渠道愈显单一。尽管环保投资每年都有一定幅度的增加，但相对于严峻的环境局面和巨大的资金缺口仍显力不从心。加上环境保护投资效率不高、管理方式落后、投资结构不合理等原因，环境投资力度增长较慢，在一定程度上影响了区域环境质量的改善和提高（董岚和梁铁中，2008）。例如，由于我国目前正处于工业化中期阶段，经济总体水平比较低，国家仍然面临着企业改革、产业振兴等一系列重大任务，对发展生态产业缺乏必要的资金投入。另外，国家颁布的《环境保护法》《海洋环境保护法》《固体废物污染环境保护法》《环境噪声污染防治条例》等 20 多项环境保护法律法规，也常常因在具体执行过程中受到地方保护主义和各种人为因素的干扰，无法真正得到贯彻落实。

(四) 企业认识不足

从目前状况来看，许多企业对生态产业内涵认识不足，即便采取环保措施也是一种被动的选择，究其原因是企业主要受到以下因素制约：一是经营思想落后，环境保护意识薄弱；二是对生态产业的投资力不从心。因此，企业缺乏内在动力和外在压力来发展生态产业并实施绿色营销。

(五) 消费者的绿色消费需求不足

由于生态产业生产的是绿色产品，其价格一般要高于非绿色产品，再加上我国国民的环保意识淡薄，极大地抑制了绿色消费。此外，市场上假冒伪劣绿色产品的存在，使消费者对绿色产品的质量产生怀疑，绿色产品消费风险的高预期也抑制了绿色产品的消费需求。

二、优势分析

(一) 宏观环境与政策优势

尽管在政策操作层面还存在着一些障碍，但是宏观环境已经确定了生态产业未来的发展方向，相关的优惠政策也犹如雨后春笋。

1. 区域发展政策助推乌江流域生态产业建设

2009年初，国务院出台第3号文件《国务院关于推进重庆市统筹城乡改革和发展的若干意见》(简称《意见》)，为重庆做出了明确定位：重庆是中西部地区唯一的直辖市，是全国统筹城乡综合配套改革试验区，在促进区域协调发展和推进改革开放大局中具有重要的战略地位。重庆集大城市、大农村、大库区、大山区和民族地区于一体，城乡二元结构矛盾突出，老工业基地改造振兴任务繁重，统筹城乡发展任重道远。在新形势下，党中央、国务院对重庆改革发展提出更高要求，赋予重庆新的使命。加快重庆统筹城乡改革和发展，是深入实施西部大开发战略的需要，是为全国统筹城乡改革提供示范的需要，是形成沿海与内陆联动开发、开放新格局的需要，是保障长江流域生态环境安全的需要。

《意见》提出对重庆的13个黄金定位中的第五、第六项定位就是“长江上游生态文明示范区”“中西部地区发展循环经济示范区”。而“长江上游生态文明示范区”“中西部地区发展循环经济示范区”两大黄金定位相辅相成、互为基础，这体现了中央对重庆的厚爱和期望，也进一步说明重庆在长江上游地区、中西部地区建设生态文明示范区和循环经济示范区的重要性和紧迫性。在五项具体战略任务的第五项中明确指出：实施资源环境保障战略。树立生态立市和环境优先的理念，创新节约资源和保护环境的发展模式，发展循环经济和低碳经济，建设森林城市。保护好三峡库区和长江、嘉陵江、乌江流域的水体和生态环境，建设长江上游生态文明示范区。同时，在文件的第七部分专门提出“加强资源节约和环境保护，加快转变发展方式”。并在第二十四、第二十五条提出，大力推进节能减排，优化能源结构，提高环境保护标准，减少污染物排放和能源消耗；加强城乡污染综合治理，以确保城乡集中式饮用水源地和三峡库区水质安全为重点，加强对城乡污染的综合防治。并再次在第二十六条中提出“积极建设长江上游生态文明区”。由此可见，生态文明示范区建设是重庆落实《意见》的重要任务之一，是重庆市肩负长江上游经济中心任务的同时，也担负了长江上游地区生态文明示范区建设的艰巨任务。

对于贵州而言，在世纪之交贵州先后推出可持续发展战略、生态立省战略。2007年贵州省第十次党代会上省委又适时提出实施“环境立省”战略，并将“保护青山绿水也是政绩”纳入新的执政理念中，继承与提升了可持续发展战略、生态立省战略。这里的环境既包括硬环境，也包括软环境；既包括自然环境，也包括人文环境；既包括保护环境，更包括建设环境。主要措施包括树立环境优先意识，将环境保护作为新时期推进发展的主要任务；发展循环经济，切实改变“先污染后治理”的状况；制定生态补偿机制，调整各方利益关系，促进平衡发展；推行清洁生产，促进技术进步。因此，基于重庆和贵州的在生态建设、环境保护上的区域政策，乌江流域建设生态产业有了社会环境和政府的支持和保障。

2. 新一轮西部大开发战略彰显乌江流域生态产业建设

加强生态建设和环境保护将依然是新一轮西部大开发的重点，同时也是难点，生态建设和环境保护作为生态文明建设战略的主要内容需要站在生态文明国家战略的高度重新审视。乌江流域地区是我国西部欠发达地区，是我国实施西部大开发战略、进行生态环境保护与建设的重点区域，在未来相当长的历史时期内将面临经济快速发展和保护建设生态环境的双重任务。只有以西部大开发为契机，在开发的过程中抓好生态产业建设，才能使西部的经济和社会发展不重蹈工业文明的高污染、大破坏的老路，既可以实现经济社会的发展，又可以发挥乌江流域生态屏障的重要作用。乌江流域作为西部大开发的组成部分，其生态产业建设成败直接关系到西部大开发第二期、第三期开发成败，进而影响我国东、中、西部的区域均衡发展和2020年前全面建设小康社会总目标。

3. 三峡后续工作总体规划涵盖乌江流域生态产业建设

2011年5月18日，国务院常务会议讨论通过了《三峡后续工作总体规划》(简称《规划》)。《规划》提出，三峡库区要“着眼库区长远发展”，并提出“库区安稳致富、生态环境保护、地质灾害防治”三大战略，提出“移民安稳致富和促进库区经济社会发展、生态环境建设与保护、地质灾害防治、三峡工程运行对长江中下游重点影响区影响处理、综合管理能力建设、综合效益拓展研究”六大任务。三峡库区独特地理单元后续发展是国家三峡工程建设发展战略的深化和继续，是三峡库区环境—经济—社会和谐发展的巩固和推进，是建设长江流域生态文明示范区和维护国家生态安全的重大举措，是深入推进新一轮西部大开发的核心战略之一。在当前新的形势下，三峡工程的主体功能定位除了防洪、发电和航运外，还是我国重要的淡水资源库。因此，作为处于库区的部分乌江流域地区，其生态环境保护、库区经济发展、移民安稳致富和构建库区和谐社会则自然地成为《规划》的题中应有之义。在发展战略方面，构建乌江流域生态产业，以流域经济发展促社会发展，就显得尤为重要。

(二) 产业生态基础

充分发挥我国经济的比较优势，加大对劳动密集型和技术密集型产业支持力度，重点扶持技术含量高、产业带动能力较强的产业，如装备制造业、汽车业和造船业等。同时，新能源行业方兴未艾，也有望成为本世纪新的产业增长点。这些新型产业的迅速发展，已经成为了乌江流域生态产业发展的生态基础。此外，乌江流域在农业、工业、服务业的发展基础方面，也是以当地特有的自然地理状况、资源赋存、历史发展过程等条件为基础的。

乌江流域的农业生态基础是随着农业现代化建设、规模化建设和环境保护与治理而逐步形成的。通过农业生态园建设，带动农业生态化、规模化和现代化发展。例如，处于乌江流域上游的毕节地区，是西南出海重要辅助通道，多年来以生态建设和经济开发为中心，以科技创新为依托，以调整产业结构为基础，以示范辐射为导向，充分利用已建和在建的水土保持工程点，建成了融环境优美、绿色产业和经济发展为一体的水土保持生态建设示范样板工程点22处，治理水土流失面积278.40km^2。其功能主要包括：水土流失预防保护、基本农田及综合配套、石漠化治理、优质林果药规模开发、优良品种选育及推广、优质苗圃、退耕还林（草）、地埂经济植物、水土保持高效农业、生态景点及观光、速生丰产优质用材林、科学研究等。在水土保持生态建设上起到了很好的龙头示范和带动作用，在全国，特别是对云南、贵州、四川三省起到了广泛的辐射效应，为长江上游及三峡库区水土保持生态建设树立了典型。

在乌江流域的很多地区，工业生态基础是通过生态工业园区的建立而发展起来的。目前，乌江流域已建设了多个生态工业园区，并通过清洁生产技术、循环经济建设等途径促进产业转型、工业基地和重化工集中地区的调整和改造。例如，早在2000年，贵阳就开始着手循环经济试点工作，几年来在省内有条件的工业园区和企业建立了一批循环经济示范基地和示范项目，并进一步规划建设开阳、织金、桐梓、安龙、绥阳、六枝、普定、翁福、镇远、玉屏等一批循环经济生态工业示范基地和生态农业示范基地。

乌江流域的服务业的生态基础主要是以旅游业、商贸物流业、现代金融业等产业的发展为基础的。其中，乌江独具特色的自然风光使得旅游业更加引人瞩目，旅游生态基础是以乌江流域天然的生态旅游资源为依靠的。从贵州到重庆，山川、峰林、溶洞、河流、人文景观、民族风情、红色文化等无数的天然风景名胜构成了乌江流域特有的旅游生态基础。

第二节 乌江流域主体功能区划分与生态产业体系划分

一、乌江流域主体功能区划分

（一）主体功能区划分

乌江流域属于国家划分的限制开发区的范围。限制开发区域应区分为农产品主产区和重点生态功能区。国家层面限制开发的农产品主产区是指具备较好的农业生产条件，以提供农产品为主体功能，以提供生态产品、服务产品和工业品为其他功能，需要在国土空间开发中限制进行大规模、高强度工业化、城镇化开发，以保持并提高农产品生产能力的区域。限制开发的农产品主产区注重优先发展农业，强调提升农业综合生产能力、增加农民收入。国家层面限制开发的重点生态功能区是指生态系统十分重要，关系全国或较大范围区域的生态安全。目前生态系统有所退化，需要在国土空间开发中限制进行大规模高强度工业化、城镇化开发，以保持并提高生态产品供给能力的区域。限制开发的重点生态功能区，注重优先保护生态环境，强调提高大气和水体质量、防止水土流失、加大荒漠化治理力度、增加森林覆盖率、保护生物多样性等。

乌江流域大部分在贵州境内，属于国家划分的桂黔滇喀斯特石漠化防治生态功能区。乌江流域地处偏远和交通不便地区，人口分布相对较稀，经济发展相对落后，基础设施条件差，自然条件恶劣，生态脆弱，环境承载能力较低，不适合大规模集聚人口和进行开发。目前生态系统退化问题突出，植被覆盖率低，石漠化面积加大。为了促进乌江流域向着良好的方向发展，就要根据提供生态产品的总体要求，创新生态产品的开发方式和提供方式，改革现有的绩效评价体系，实现桂黔滇喀斯特石漠化防治生态功能区的绿色发展。

乌江流域的主体功能定位和未来的发展方向是依靠政策支持，加大保护力度，促进超载人口有序外迁和适度开发，加强生态修复保护与扶贫开发，因地制宜发展资源环境可承载的特色产业，建设成为保障国家或地区生态安全的重要区域。乌江流域作为全国性的限制开发区，要保障和维护喀斯特地区和三峡库区乃至长江上游的区域生态安全，所以在产业建设上，必须限制某些对生态环境造成破坏的产业活动，有些产业必须退出。在区域协调方面，成渝、湖南等重点开发区要从体制、机制、政策上为乌江流域的产业调整和发展创造良好环境。乌江流域必须培育和发展自己的特色产业（如“乌江牌”优质稻米），增强自我发展的能力，充分利用资源环境优势，积极发展生态产业，生态绿色生态产品，实现生态功能与产业功能的双赢（重庆工商大学长江上游经济研究中心课题组，2009）。

总体而论，对于乌江流域的国土空间而言，它的每一个部位都有其自身的主体功能。如果每一个部位的主体功能都得到充分的发挥，在不同的领域创新发展，乌江流域的发展将获得较好发展。因此，乌江流域应以实施主体功能区战略为契机，完善政府绩效评价机制，改革创新，根据已确定的主体功能实行各有侧重的绩效评价，为建设美好乌江提供政策保障。

（二）主体功能区划分条件下的产业体系划分

乌江流域的产业布局体系将从乌江上游、中游、下游的分段角度加以划分。

乌江上游三岔河南岸，形成以六盘水为中心的能源——原材料工业开发区，中游以乌江和川黔铁路为主轴线，以湘黔铁路、贵昆铁路和国道形成贵阳安顺为中心的产业布局区，下游以乌江和国道319线形成涪陵和黔江产业布局区（赵炜，2008）。

根据贵州和重庆产业布局现状和发展趋势，乌江流域产业布局的划分主要可归纳为“两核支撑、四线驱动、两轴带动”。

两核支撑：由于乌江流域经济发展水平受城市经济圈的影响较大，流域经济发展水平的空间分布呈现出以重庆、贵阳都市经济圈外推递减的规律性，从总体上看，其空间形态大致呈现出以重庆、贵阳为核心的同心圆分布特征。所以，乌江流域的产业发展应以重庆、贵阳为两核，辐射和带动流域其他地区的发展。其中，贵阳由于处于流域中心，且为贵州省会，带动作用明显，辐射范围大；重庆离乌江远，其带动效应是通过涪陵等县市间接带动乌江流域，带动作用弱。且重庆在乌江流域的限制开发区主要是渝东三峡库区腹地和渝东南山区包括酉阳、彭水、石柱、武隆、秀山等区县，使得这些区县的发展必须与乌江流域方向延伸的生态带相协调。这一生态地带将成为乌江流域中下游地区的生态培育区，是保护乌江流域与三峡库区人居环境可持续发展的重要环境屏障，故经济开发和影响较弱。

四线驱动：四线主要是指以国道319线和渝怀铁路为走向的交通线、以川黔铁路和国道210线为走向的交通线和以国道326线为主的交通线和以国道320线和贵昆铁路为主的交通线。乌江流域产业布局与交通干线的关系密切，呈现能矿资源、陆路交通和产业分布三位一体的特点。因资源开发的需求而发展交通，因交通发展而改变区位条件，进而带动区域经济和城镇发展，这是乌江流域城镇从三线建设时期以来的大致发展模式。乌江流域的陆路交通干线是在开发西部地区能矿资源的历史要求下建成的，至今已形成乌江流域的资源、交通、城镇分布三位一体的特征。交通干线串联起各能矿资源基地，而依托资源建设的产业也随之分布。乌江流域经济发展水平最高的地区，也集中在主要交通干线的节点。另外，从区域经济发展的基础情况看，这些地区自然条件优越，矿产资源丰富且分布集中，水利、交通等基础设施条件较好，区位优势明显，是乌江流域目前经济发展水平提高较快的地区。

两轴带动：一条是桐梓—遵义—贵阳一线，形成了乌江流域中上游城镇化发展的纵向主轴，并依托这条贯穿四川、重庆、贵州三省的西部出海通道推进产业发展。另外一条是重庆南川—涪陵—武隆—秀山一线，形成了乌江流域中下游城镇化发展的横向主轴，并依托重庆、湖南二省（直辖市）的出海通道，同时规划修建11条铁路打通欧亚大陆桥以推进产业发展。乌江中游的贵阳、遵义和上游六盘水三大城镇群，以及下游的武隆、涪陵、秀山、南川的土地及能矿资源条件较好，它们之间的发展轴带是区域开发的重点地带，可以致力于现代农业、现代工业、现代服务业发展，以形成密集的生态产业带，从而体现出“点轴发展”理论引导下的空间结构特征。

二、乌江流域生态产业体系构建

乌江流域的生态产业体系构建必须从客观情况出发，结合乌江流域人口—资源—环境—经济—社会复合系统的历史和现状，不仅要兴建生态工业园区、采用清洁生产的工业技术，更要在原有的产业发展基础上进行产业的生态转型，再以政府的政策和法律为支持，以生态社区、生态管理建设为保障，全面建立乌江流域的生态产业体系。

（一）环境优势产业的升级换代

环境优势产业是指对自然环境条件依存度高的一类产业，如现代农业、旅游业及越来越受市场青睐的生态型房地产业等。乌江流域具有优越的光热、降水、物种多样性、自然景观等条件，发展生态农业、生态工业与生态服务业得天独厚。乌江流域的自然经济产业要根据市场需求和自然条件及时升级换代，要进一步优化农业产业结构和布局，提升生态工业与生态服务业产品的质量，以生态和谐为理念，发展生态产业，把环境资源优势转化为产业发展优势。

（二）传统工业的生态转型

传统工业的生态转型是指对乌江流域现有的传统工业，通过生态设计、清洁生产等技术手段，对相关的产业按照生态工业的要求进行改造、重组，加强企业之间的上下游协作，延长产业链，推动污染产业的换代升级，使传统产业的发展实现环境效益、经济效益和社会效益“三赢”目标。

（三）集约化发展资源型加工业

集约化发展现代高物耗资源加工业是指依托乌江流域丰富的煤炭、矿产、气候等资源条件，引进技术含量高、高度集约化、污染可有效控制的现代资源型加工业。通过充分发挥自然资源优势，发展能迅速提高区域经济总量、污染控制在规定限度和范围内、在高新技术产业链条上的产业群将是今后的发展方向。其主要特点是资源密集、技术密集、集约发展、高经济效益、污染有效控制。

（四）孵化培育新兴高技术产业

乌江流域要大力发展的新兴高技术产业是有别于传统产业的具有技术含量高、经济效益好、市场前景看好、目前还处于小规模幼年发展阶段的一类产业。由于本身所具有的这些特征，新兴产业需要进行孵化才能成长和壮大，如制药、生物等。这类产业的主要特点是在乌江流域处于初步发展阶段但技术含量高、市场前景广阔、经济效益较好。

(五) 培育发展生态型服务产业

乌江流域要培育发展的生态型服务产业是指包括以咨询、信息、产业孵化、研究开发、环保产业等为主的经济服务业，以传统服务业、培训等为主的人文服务业和以土地、水体、空气等生态环境恢复和维护产业为主的自然服务业三方面内容的产业体系。生态服务产业将引导传统服务业内涵、目标和形式的根本转变，从提供具体产品转为满足客户要求（王如松等，2004）。图 4-1 为乌江流域生态产业体系构建图。

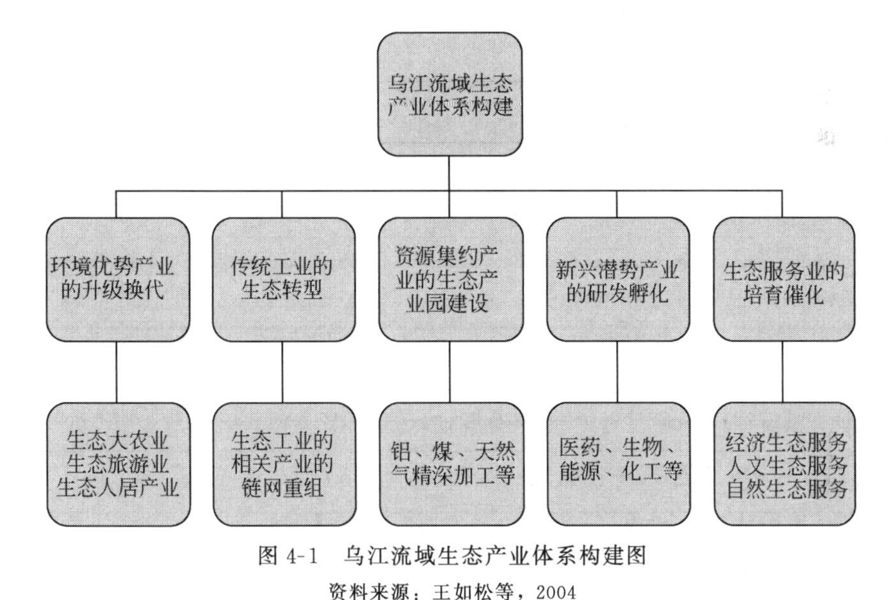

图 4-1　乌江流域生态产业体系构建图

资料来源：王如松等，2004

第三节　乌江流域生态产业发展模式选择

一、生态农业

(一) 立体综合性生产模式

充分利用空闲土地、水面，以及可利用的房舍、屋顶等空间，从水平空间和垂直空间进行多物种、多品种的生产经营，通过普及立体种植的技术，可以提高单位土地面积太阳能的利用效率。例如，在水平空间，可以合理安排果树、药材、蔬菜等各种作物，也可以养殖各种畜禽和鱼类；在纵向空间，可以把果树、蔬菜、药材等各种作物按照高秆、矮秆进行合理搭配种植，深根植物和浅根植物搭配种植，直立茎和匍匐茎植物合理搭配种植，喜光和耐阴作物搭配种植。可以进行间、混、套作，也可以利用屋顶、阳台、地下室、墙体等不同层次进行种植。大田作物主要进行三元结构的轮作复种、间套作与养殖业结合，通过过腹还田、直接还田、沼气发酵等途径，提高秸秆的综合利用效率，做到农业生态系统内的物质循环利用，减少化肥、农药的使用量，杜绝秸秆焚烧，控制面源污染。对于养殖业的发展也是如此，可以单一种类养殖，可以不同品种混合养殖，还可以不同种类动物进行合理的分层养殖。此外，在同一生产地上还可以把种植、养殖结合起来共同发展。例如，在果园内可以同时养鸡、养蜂等。

乌江流域农业发展区域主要以山地为主，具有发展立体农业的条件。依据山体高度不同，因地制宜布置等高环形种植带，可形象谓之为“山上松槐戴帽，山坡果林缠腰，山下瓜果梨桃”。这种模式合理地把退耕还林还草、水土流失治理与坡地利用结合起来，恢复和建设了山区生态环境，发展了当地农村经济。等高环形种植带作物种类的选择因纬度和海拔高度而异，关键是作物必须适应当地条件，并且具有较好的水土保持能力。例如，在半干旱区，选择耐旱力强的经济作物建立水土保持作物条带等。注意在环形条带间穿播布置不同收获期的作物类型，以使坡地终年保存可阻拦水土流失的覆盖作物等高条带。建设坚固的地埂和地埂植物篱，也是强化水土保持的常用措施。

（二）农村庭院生态农业模式

乌江流域的农村畜牧业发展良好，具有利用沼气的条件和优势。农村庭院生态农业模式为喀斯特山区提供了可持续发展和生态建设的有效途径。它以农户为基本单元，将畜牧、沼气、农业等形成一种和谐的生物链条，实现能流、物流的多层次循环利用。它利用养殖业发展的副产物（粪便）通过沼气池在严格的厌氧条件下经微生物发酵产生沼气，为农户提供清洁卫生的生产、生活能源；产生的沼渣、沼液为种植业、果品业提供优质、无害有机肥料，为市场提供无公害农产品，是改变农村能源结构、改善农村环境卫生、促进农业产业结构调整及农村经济可持续发展的有效途径。在实施过程中，将生物措施与工程措施相结合、退耕还林与基本农田建设相结合，能有效遏制水土流失、逐步改善农业生产条件，促使农业生态环境向良性循环转变，推动乌江流域生态农业的发展。

总的来讲，沼气池在流域治理中的作用有两点：一是解决家用能源问题，不需要砍伐薪柴，保护了森林资源，切实保障了封山育林与生态恢复；二是使粮食、果树、蔬菜等作物有稳定的肥料来源，同时改良了土壤品质，如图4-2所示。

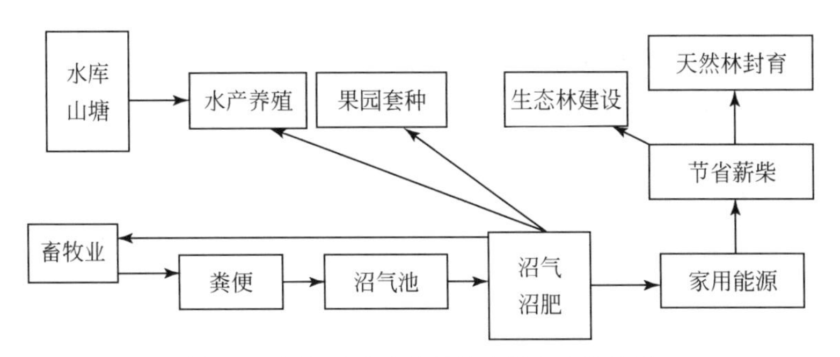

图4-2　沼气生产在流域综合治理中的作用

具体来讲，“猪—沼—果”家庭型生态农业模式有以下重要作用。

（1）有利于解决畜禽粪便污染，提高畜牧业发展的积极性。沼气净化处理有效地解决了畜禽粪便及污水的污染，变废为宝，得到了综合利用。沼气建设投资小，回报快，并能节约开支，增加收入，是解决畜牧业发展与环境制约的有效措施之一，特别是对大中型养殖场的发展有着重要的促进作用，大大提高了农户发展畜牧业的积极性。而且建沼气池后，农户必须多养猪才能为沼气池提供充足的原料，对加快畜牧产业的发展起到重要推动作用；同时沼气发酵产物——沼渣、沼液又是丰富的有机肥料，可促进种植业的发展；种植业的发展又为养殖业提供丰富的饲料保障；沼液还是天然添加剂，是发展生态畜牧业的优质饲料。沼气建设后，一是为农户节约煮饭、照明能源支出；二是沼液中富含氨基酸、维生素、蛋白质、生长素，是很好的养猪饲料，可以大大增加畜牧业产值。

（2）有利于提高果品的质量。沼液、沼渣中富含大量的腐殖酸，可增加土壤有机质含量、改良土壤结构、为果品提供优质无公害的有机肥料，大大减少化肥和农药的施用量，从而降低化肥、农药在果品中的残留。同时沼肥中富含生物活性物质，可以大大提高果品的品质、口感及色泽，增加营养成分。

（3）有利于节约能源，改变农村能源结构。随着经济的快速发展，人们对各种能源的需求量与日俱增，能源紧张的矛盾日趋突出，严重制约着经济的发展。煤、石油、天然气等能源资源是有限的，而沼气是以畜禽粪便为原料的可再生能源，取之不尽，用之不竭，能够有效缓解农村电力紧张的矛盾。随着沼气饭煲、沼气冰箱、沼气柴油机等沼气产品的研制与推广，将更加节约能源，对招商引资及其他经济的发展起到推动作用。

（4）有利于改善流域生态环境。农村沼气推广使用后，农村将结束烟熏火燎，垃圾遍地、蚊蝇飞舞的历史，既能减少农家炊烟对大气的污染，同时也能改善农村的家居卫生环境。沼气池对畜禽粪便及污水通过厌氧发酵，有效杀灭其中的细菌、虫卵等有害微生物，从而减少农村畜禽粪便及污水对小溪、河流水质的影响，有利于保护流域生态环境。

（5）有利于促进旅游业发展。沼气建设能够解决农户的生活能源问题，改善景区内农户的环境，保护景区内森林资源和自然生态环境。进而能够大大提高农民生活质量及旅游品位，为休闲、度假的生态农家乐旅游提供资源，对推动城郊旅游，促进经济发展有较大的影响。“猪—沼—果”家庭型生态农业模式对乌江流域农业、畜牧、旅游、能源、环保等经济的发展起着纽带作用。因此，以发展生态型经济为中心，以村为实施单元，大力推广“猪—沼—果”家庭型生态农业模式，拉动以沼气利用为重点的农村生态能源（包括太阳能、风能、以电代柴、小水电、地热等）建设，有利于推动全流域经济持续、协调、健康发展。

（三）生态养殖模式

生态养殖模式有很多类型，乌江流域的农业发展可采取农牧结合的畜禽生态养殖模式。例如，处于乌江流域下游的贵州省沿河县，其种植业以粮食作物为主，畜牧业中山羊养殖产业是其支柱产业。沿河县可以在山羊养殖和大田作物种植中找到结合点，建立基于农牧的畜禽养殖业生物链。把秸秆切割成段，作为山羊的饲料，山羊的粪便又可用于农业施肥，既解决了秸秆焚烧问题，又解决了秸秆肥料不足的问题，形成经济微循环体系。

另外，乌江流域地区还可以采取稻田生态渔业模式。稻田生态渔业是对稻田进行立体开发的一种比较先进的高效益种养模式，是提高稻田经济和生态效益的有效捷径。依照生态学和生态经济学原理，把单一的稻田种植区改为按一定比例划分的水稻种植区、水面养殖区和旱作生态带，使水面养殖的水生生物与稻田中的水稻、旱作生态带的瓜果充分进行物质和能量的交换，能够有效实现农业生产链良性循环和无废料生产，以及合理的资源配置和经济的高效。

（四）生态经济沟模式

小流域综合治理有利于防止乌江流域水土流失、石漠化，而生态经济沟模式则是小流域综合治理较好选择。生态经济沟模式是通过荒地拍卖、承包形式建立起来的治理与利用结合的综合型生态农业模式。小流域既有山坡也有沟壑，水土流失和植被破坏是突出的生态问题。按生态农业原理，实行流域整体综合规划，从水土治理工程入手，突出植被恢复建设，依据沟、坡的不同特性，发展多元化复合型农业经济。在平缓的沟地建设基本农田，发展大田和园林种植业；在山坡地实施水土保持的植被恢复措施，因地制宜发展水土保持林、用材林、牧草饲料和经济林果种植（等高种植），因地制宜推广种植乔、灌、草、竹、藤等，增加多年生植被的面积，减少裸露地面积。建立以森林植被为主体、林草结合的国土生态安全体系，扼制水土流失和石漠化，综合发展林果、养殖、山区土特产和副业等多元经济。发展该模式主要有两种途径：一是依靠政府综合规划和技术服务的帮助，带动多个农户业主共同建设；另一个是单一或几家业主联合承包来建设，后一途径的条件是业主必须具有一定的基建投资能力和综合发展多元经济的管理、技术能力。

二、生态工业

对于乌江流域来说，必须要结合流域自身的水资源、矿产资源优势和产业优势及产业结构特点，通过有目的的规划，建立起流域范围内相互合作的生态工业体系。

乌江流域现有的工业产业主要为水电产业、煤炭产业、煤化工产业、磷化工、铝工业和传统的烟酒产业。乌江流域的工业发展应进一步做大做强能源、优势原材料新兴支柱产业，做大做强以烟酒为主的传统支柱产业，大力发展以民族制药、特色食品为代表的特色优势产业，加快发展以航空航天、电子信息和先进制造业为代表的高技术产业。以优势企业为龙头，以重大项目为载体，加快优势产业基地建设和工业园区及城镇工业功能区的建设。

大力推进循环经济生态工业基地和工业园区建设，探索建立循环经济技术创新体系、科学研究体系、服务体系和法规政策支持体系。重点推进煤、磷、铝、电、建材等产业的循环组合，规划建设一批磷煤化工、磷化工、煤焦化工、铝工业、煤电铝一体化等循环经济生态工业基地和工业园区。支持贵阳搞好发展循环经济试点城市工作。加快循环经济试点企业建设。支持企业打造内部循环链条，鼓励企业循环生产，促进资源循环利用，重点发展深加工能力和技术，搞好产业链之间的横向扩张与耦合，最大限度地减少对自然资源的依赖。探索建立以企业为主体的循环经济技术创新体系，以重点大学、研究院所为主的循环经济科学研究体系，以中介、咨询服务机构为主的循环经济服务体系，建立较完善的循环经济法律法规体系、标准及指标体系、政策支持体系和有效的激励约束机制。

突出节能和节水，促进节能降耗，提高资源利用效率和利用水平。坚持节约优先的方针，依法加强电力、煤炭、化工、有色、冶金、建材等重点行业能源、原材料、水等资源消耗管理。以主要产品单位能耗指标为重点，大力实施“521”节能降耗工程，使一批重点产品单位能耗、物耗达到国内先进水平，部分重点产品单位能耗、物耗进入国际先进水平行列，其中大型发电机组供电煤耗达到相关标准。支持企业建设水循环利用系统，提高重复利用率。实施能量系统优化、余热余压利用、清洁能源、建筑节能、绿色照明等重点工程。鼓励开发利用新能源和可再生能源，减少不可再生能源的消耗。

加强资源综合利用，提高“三废”综合利用率。落实国家优惠政策，加强电力、煤炭、化工、冶金、有色、造纸、酿造等重点行业废弃物的综合利用，减少最终处理量，提高废弃物综合利用率。重点推进烟气脱硫资源化和以粉煤灰、煤矸石、煤泥、黄磷渣、磷石膏、脱硫石膏、钡渣等大宗工业废弃物的规模化利用及产业化发展，开发和引进煤层气、大宗工业废弃物、共伴生矿和尾矿渣综合利用等关键技术。在六盘水、毕节等高瓦斯矿区，实施“先抽后采”示范工程，利用煤层气发电。

在各中心城市严禁使用实心黏土砖和实心软质页岩砖，大力发展节能新型墙体材料和建筑材料，重点建设瓮福、开阳、贵阳等化学石膏建材基地。积极发展黄磷尾气生产甲酸、甲醇、乙二醇等高附加值化工产品和磷渣生产微晶玻璃、微细粉体等高端建材产品。加强磷矿、铝土矿、锰矿等矿产资源的高效开采及中低品位矿的选矿技术研发，提高回采率，降低贫化率，延长矿山服务年限。加强共生、伴生矿产资源的综合开发利用和尾矿、废石的综合利用。限制用高品位矿石生产低端高耗能产品，淘汰能耗、物耗高的生产工艺和炉型。重点实施贵州开磷（集团）有限责任公司（简称开磷）利用磷石膏、磷渣填充采空区等项目，防治矿山灾害，提高回采率；支持瓮福（集团）有限责任公司（简称瓮福）磷矿共伴生碘、氟、镁等资源的回收和综合利用。

推行清洁生产，防治工业污染。贯彻清洁生产、环境保护等法律法规，以“节能、降耗、减污、增效”为目标，在冶金、有色、化工、建材、电力、煤炭等重点行业和对环境影响较大的重点工业区域内企业推行清洁生产。积极开展传统产业清洁生产示范和试点，依法开展清洁生产审核，推广应用清洁生产技术，实施清洁生产方案，创建清洁生产先进企业，鼓励和支持中小企业实施清洁生产，从源头和全过程实现污染物的“减量化、资源化、无害化”，形成一批具有较高资源生产率、较低污染排放率的清洁生产企业。实行污染物排放总量控制，工业企业污染物排放必须达到国家规定的标准。鼓励发展节能、降耗、减污产业，建设污染物集中治理设施，推动生产企业向“三废”治理条件完备的工业园区相对集中。强化环境监督管理，依法关停不符合国家产业政策、污染严重的企业。

加快发展环保产业。重点推进高浓度、难降解的工业废水治理、废水“零”排放、燃煤锅炉除尘脱硫、固体废弃物污染防治和综合利用等重大、关键环保技术的引进、开发和应用，突破循环经济发展的技术瓶颈。重点发展大气和水污染治理、城市垃圾资源化、节能和工业节水、新能源和再生资源开发利用，资源综合利用，清洁生产装备、环保材料及药剂的生产。支持中小型环保产业企业加强环保技术、产品的研发和市场化推广。重点培育一批环保产业骨干企业、示范工程和新技术、新产品。

三、生态服务业

大力发展以生态旅游、绿色商贸、生态物流为重点的生态服务业。加快传统服务业向生态服务业转型，培育和发展一批具有市场竞争能力、经营规模合理、技术装备水平较高、生态效益明显的商贸连锁企业、生态物流企业、生态旅游企业，促进社区服务业、现代金融保险业、信息服务业，以及生态旅游业成为生态服务业中的主导产业。下面以生态物流业与生态旅游业的开发为主加以说明。

（一）生态物流业

为了推行乌江流域经济和社会的可持续发展，在建设生态物流方面，企业可以从产品原材料或零部件的采购阶段开始，制定供应物流的生态化、生产物流的生态化、分销物流的生态化、产品回收及废弃物处置的生态化策略。

图 4-3 描述了一种基于产品生命周期的企业生态物流系统运行模式。该模式

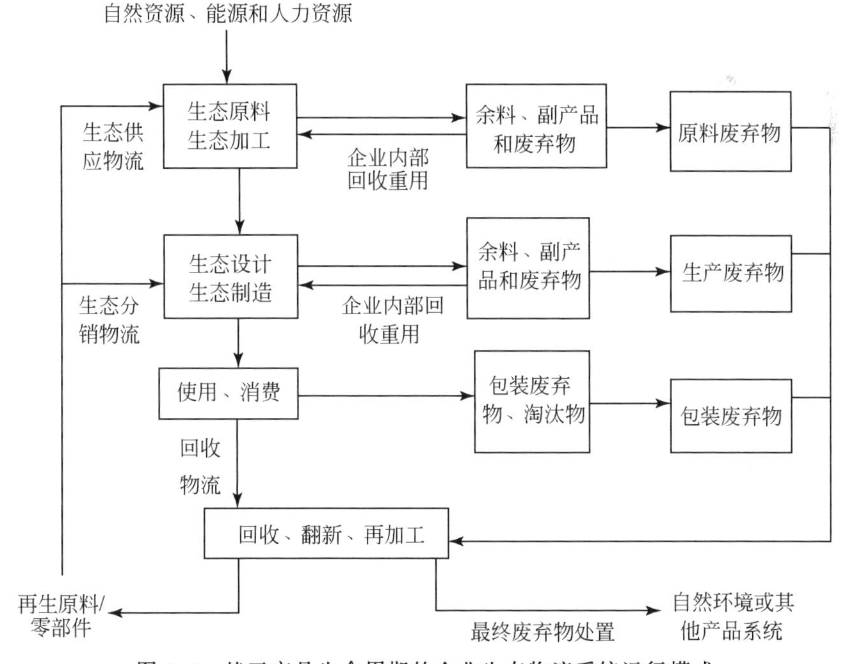

图 4-3 基于产品生命周期的企业生态物流系统运行模式

实际上是一个物料循环系统，其中产品制造企业是该系统的主体。其运作过程是：首先，制造商经过对供应商的评估，选择生态供应商，供应商将资源、能源和人力资源转化而来的原料零部件送达生产厂商。其次，厂商经过对产品的生态设计、生态制造、生态包装后，形成最终的生态产品。生产过程中的边角余料、副产品、残次品等，直接进入内部回收系统，尽量做到维修后再利用，避免废弃物的产生。最后，产品被制造出来后，经过企业的生态分销渠道，交给第三方物流企业进行专业化的运输和配送。企业的分销系统规划必须考虑产品退货、产品召回，以及报废后的回收和处理要求，并制定相应的运行策略。

在生态供应物流方面，对构成产品的原材料和零部件的环境特性进行评估，选择环境友好的原料，舍弃危害环境的原料。根据材料的生态性对供应商进行生态性评估，包括着眼于管理系统、生态环境业绩、生态环境审核的组织过程评价，以及基于生命周期、商标和产品标准的产品评价。改变观念，重视采购品的生态环境性能，在包装和运输过程中采用生态运输、生态包装的方式以实现采购过程的生态化。在生态生产物流方面，为实现生产物流的生态化，必须以清洁生产技术为基础，不断改善管理和改进工艺，提高资源利用率。充分考虑生态环境代价或交通拥挤带来的社会成本，实施准时生产制生产方式和精益生产方式。通过库存节约与生态环境成本的平衡，确定最合适的库存标准。利用重力输送原理、装卸原理等改进物流技术和改善物流管理。在生态分销物流方面，以最优化运输路线，充分利用铁路、水路等更为环保的交通运输方式，合理规划分销网络。

（二）生态旅游业

在经济、社会快速发展的今天，乌江流域地区面临着生态环境退化和经济社会贫困的双重危机，探寻既不破坏生态环境又能有效推动地区经济、社会发展的模式是该地区可持续发展的必然选择。大旅游产业思想指导下的生态旅游联动大旅游产业发展模式是乌江流域较好的选择之一。大旅游产业是围绕旅游产业内部几大要素展开，依托各部门密切的经济、资源和生态环境联系而形成的相互依存、相互协作的产业大系统，是旅游产业链不断延长而形成的由众多产业链组成的产业群体，是一个集开放性、多向互动性和综合效益于一体的有机整体。完整的大旅游产业体系由大旅游主导产业、辅助产业和联动产业三个层面构成，是一个完整的循环联动系统。大旅游强调的是产业之间的联动和整合，通过大旅游主导产业与辅助产业之间的直接联动和整合，以及与关联产业之间的间接联动，形成大旅游产业体系。大旅游产业体系的功能主要是通过旅游产业与国民经济、社会发展和生态环境之间的互动来实现的。大旅游产业体系的具体作用有三点：一是延长旅游产业链，增强旅游产业与第一、第二、第三次产业之间的关联度，增加旅游业产值，促进国民经济增长，发挥大旅游产业体系的经济功能，实现经济效益；二是增加就业，加快城市化进程，促进社会文明进步，发挥大旅游产业体系的社会功能，实现社会效益；三是缓解资源压力，改善生态环境，协调人地矛盾，发挥大旅游产业体系的生态功能，实现生态效益。

乌江流域地区具有丰富的旅游资源，应在大旅游产业战略的指导下，把生态旅游作为实现可持续发展的突破口，同时依据地方资源特色、经济基础、生态环境条件及产业间的密切关系，大力发展生态农业、生态工业、生态第三产业，构建以生态旅游为主导的旅游发展模式，实现传统产业优化升级。乌江流域地区总体生态环境脆弱，水土流失严重，恢复生态、涵养水土任务艰巨，在发展生态旅游时必须强调保护先行，立足于环境承载力，突出生态教育功能。图 4-4 为乌江流域生态旅游业发展模式。该模式强调以生态保护为先决条件，以各类生态旅游产品为龙头，以生态旅游市场为依托，体现生态教育功能，通过合理的开发促进生态旅游资源、环境和社会经济的协调、持续发展。

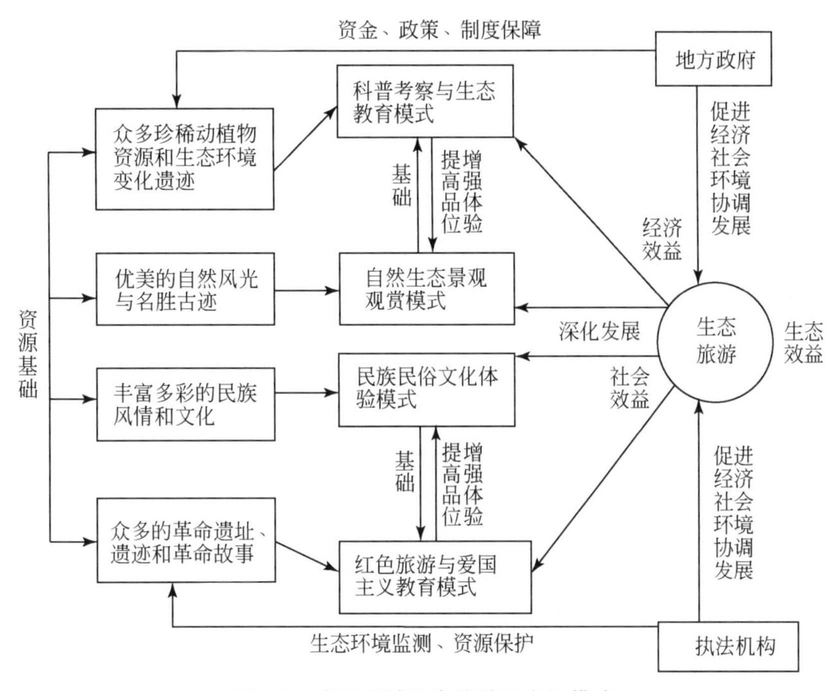

图 4-4 乌江流域生态旅游业发展模式

第五章
乌江流域县域生态产业实证分析

乌江流域生态产业体系的构建、发展模式的选择及其资源配置的方式，都离不开流域内的资源禀赋、技术进步，以及制度设计。为了深入理解乌江流域生态产业的构建，本章选择具有代表性的贵州沿河土家族自治县、重庆南川区、重庆武隆县及渝东南地区分别作为乌江流域县域生态农业、生态工业、生态服务业和整个生态产业构建的示范区域进行实证分析。这对于引导乌江流域县域形成建立在自身的资源禀赋上的产业结构，促进形成低碳的生产方式，稳固、强化人与自然和谐相处的自然基础，构建流域安全的生态屏障具有重要意义。

第一节　贵州沿河土家族自治县——生态农业示范区

一、沿河自然、社会现状和生态环境总体评价

（一）自然与社会发展现状

沿河土家族自治县，南北长98.28km，东西宽53km，总面积2468km^2。全县辖10个镇、12个乡，有县属2个农场和2个林场。全县地势西北和东南部高，中部低，从西北、东南向乌江河谷倾斜。县内溪河纵横切割，地面破碎，山高、谷深、坡陡，地表形态复杂。境内水资源较丰富，全县有泉井1495处，灌溉工程214处，有效灌溉面积7.44万亩。有防洪工程27处，保护耕地10 745亩。县内属中亚热带季风湿润气候区，气候温暖湿润，水热同期，光温同步，适宜多种动物、植物、微生物等生物生长、发育和繁衍。沿河是民族自治县和革命老区，也是国务院首批确定的全国60个贫困县之一。由于地理位置偏僻，交通、能源、通信等基础设施差，科技文化落后和农业基础薄弱，抗灾能力弱，长期以来经济发展缓慢。2007年农村居民人均纯收入1952元、人均产粮350kg，尽管2011年农村居民人均纯收入达到3839余元，但农业在国民经济中仍占主体地位。

（二）生态环境总体评价

1. 总体评价

沿河地处长江中上游乌江流域生态环境脆弱区，受多种因素影响，森林植被破坏严重，水土流失不断加剧，且水土流失遍及全县22个乡镇，以乌江沿岸

和官舟河、沙子河、白泥河、洋溪河、白石河等流域尤为严重。严重的水土流失致使滑坡、泥石流等地质灾害加剧，石漠化加重。全县年产废水达 180 万 t，其中县城工业和生活废水 60 万 t，都直接排入乌江及支流；大气污染主要是煤烟型污染，每年生活和工业排放废气 26 万 m^3，烟尘 740t。人口、资源、环境、发展的矛盾较突出。

2. 生态足迹分析

生态足迹（ecological footprint，EF）是用来测定在一定的人口和经济规模条件下，维持一定区域资源消费和废弃物吸收所必需的六类生物生产土地面积（森林、草地、耕地、水域、化石燃料用地、建筑用地）。由于生态足迹分析法具有较强的可操作性，已成为分析各国生态状况变化、评估可持续发展能力的有力工具。具体来说，生态足迹模型首先计算特定区域内消费及废弃物排放所需要的生态生产性面积来表示人类发展造成的生态负荷（即生态足迹需求），并计算该区域能够提供的生态生产性土地面积表示其生态承载能力（即生态足迹供给），然后将二者加以比较（赵新宇，2009），生态赤字即为生态足迹与生态承载力之差。如果生态足迹小于生态承载力，则表明区域经济社会发展正处在当地自然生态系统的承载范围之内，生态经济系统处于一种可持续发展的状态；反之，则认为区域生态经济发展在考察时期内不具有持续性（杨振等，2005）。

在生态足迹模型中，消费项目在计算中分为两部分，即生物资源消费和能源消费。生物资源的消费包括农产品、动物产品、水果和木材等几类。能源消费主要涉及煤、石油、天然气、热力及电力等。各种生物资源和能源消费量被折算为耕地、草地、林地、水域、建筑用地和化石燃料用地 6 类基本的生态生产性土地面积。由于不同类型土地单位面积的生物生产能力差距很大，因此在计算生态足迹的需求时，为了使这几类不同的土地面积和计算结果可以比较和加总，要在这几类不同的土地面积计算结果前分别乘上一个相应的均衡因子，以转化为可以比较的生物的生产土地均衡面积。根据国际统一标准，上述 6 种地类的均衡因子分别为 2.8、1.1、0.5、1.1、2.8、0.2。生态足迹和生态承载力的具体计算公式分别如公式 5-1 和 5-2 所示。

$$EF = N \times ef = N \times \sum aa_i = N \times \sum (c_i / p_i) \tag{5-1}$$

式中，EF 为总的生态足迹；N 为人口数；ef 为人均生态足迹；i 为消费商品的类别；aa_i 为第 i 种商品折算的生物生产面积；c_i 为第 i 种商品的人均消费量；p_i 为第 i 种商品的世界平均生产能力。

$$EC = N \times ec = N \times \sum a_j \times r_j \times y_j \tag{5-2}$$

式中，EC 为总的生态承载力；N 为人口数；ec 为人均生态承载力；j 为生物生产性土地类型；a_j 为人均第 j 类生态生产性土地面积；r_j 为第 j 种土地的类型的均衡因子；y_j 为第 j 种土地类型的产量因子。

将生态足迹法应用到沿河生态环境定量研究中，从新的思路为沿河县生态建设、发展生态产业及实现可持续发展提供研究基础和现实条件。以2007年与2010年为例，计算了沿河生态足迹和生态承载力，如表5-1所示。其中，在计算人均生态承载力时，根据WCED的建议，需要扣除12%的生物多样性保护面积（WCED，1987）。可以看出，沿河2007与2010年的生态需求排前三位的均是牧草地、建设用地和耕地，说明沿河现有的生产发展还没有充分利用自然的生态资源，发展上过度依赖牧草地和耕地。此外，沿河用于人居设施及道路所占用的土地较多，主要由于沿河地理位置特殊，可利用建设用地较少，在一定程度上挤占了有限的土地资源，建成地对可耕地的减少具有一定的责任。2007年，沿河化石燃料用地人均生态承载力为0.353 132hm²，占人均生态承载力的50%；耕地人均生态承载力为0.156 024hm²，占人均生态承载力的22.09%；林地人均生态承载力为0.151 036hm²，占生态承载力的21.39%，三者总共占到人均生态承载力93.48%，而牧草地、水域、建设用地三者总的人均生态承载力仅占到6.52%。这一比例与2010年情况相近，表明沿河生态承载力目前主要土地类型是耕地和林地，供给模式单一且过分依赖农业。但区位条件较差，第二产业较为落后，也使得沿河补偿因化石能源的消耗而损失的自然资本的量较为丰富，资源的再生性较好。

表5-1　2007年、2010年沿河生态承载力和生态足迹平衡表

（单位：hm²）

土地类型	人均生态承载力		人均生态足迹		人均生态赤字	
	2007年	2010年	2007年	2010年	2007年	2010年
耕地	0.156 024	0.148 312	0.307 491	0.314 592	0.151 467	0.166 280
林地	0.151 036	0.192 014	0.005 751	0.063 211	−0.145 285	−0.128 803
牧草地	0.041 119	0.040 125	0.646 713	0.652 343	0.605 594	0.612 218
水域	0.000 021	0.000 091	0.020 994	0.031 121	0.020 973	0.031 030
建设用地	0.004 932	0.009 819	0.310 588	0.335 271	0.305 656	0.325 452
化石燃料用地	0.353 132	0.410 720	0.000 154	0.001 012	−0.352 978	−0.409 708
小计	0.706 264	0.801 081	1.291 691	1.397 549	0.585 427	0.596 468
扣除生物多样性保护（12%）	0.084 752	0.09 613	—	—	—	—
合计	0.621 512	0.704 951	1.291 691	1.397 549	0.670 179	0.692 598

注：负号表示该项为生态盈余

沿河2007年人均生态承载力为0.621 512hm²，人均生态足迹为1.291 691hm²，人均生态赤字为0.670 179hm²，人均生态足迹超出人均生态承载力较大。而2010年这一状况还有了持续扩大的趋势，人均生态赤字达到了0.692 598hm²。所以，目前必须要减小生态足迹值，增加生态足迹多样性，提高沿河生态经济系统的发展能力。沿河有较大的生态赤字，表明资源生态承载力不能支持资源生态足迹，这成为沿河经济增长的生态制约。图5-1～图5-3分别是沿河2007年与2010年人均生态承载力对比图、人均生态足迹对比图和2007～2010年人均生态赤字变化趋势图。

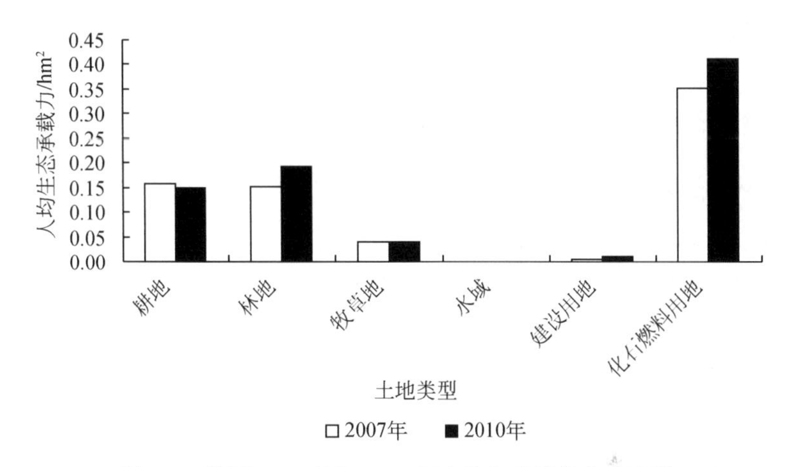

图5-1　沿河2007年与2010年人均生态承载力对比图

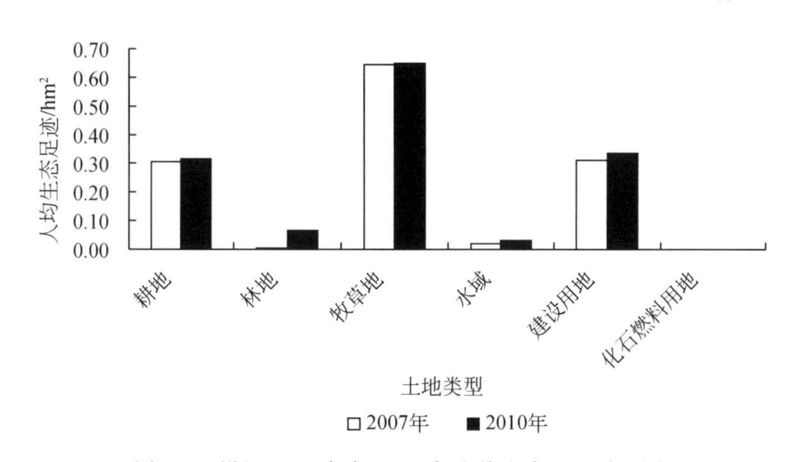

图5-2　沿河2007年与2010年人均生态足迹对比图

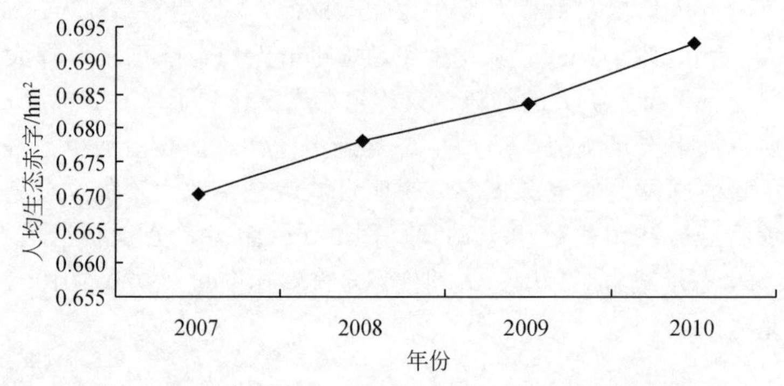

图 5-3　沿河 2007～2010 年人均生态赤字变化趋势图

二、沿河经济发展状况与产业发展特点

(一) 农业比重大

沿河县目前仍然是传统的农业大县，农业在整个国民经济中起着举足轻重的作用。2010 年，沿河农业总产值为 132 774 万元，占全县生产总值的 44.3%，第二产业占 21.8%，第三产业占 34.9%，存在着“一产过重、二产过小、三产不足”的结构性矛盾。

(二) 工业起步晚，发展缓慢

由于历史和自然的原因，沿河工业生产一直处于落后状态。改革开放后，国家对沿河加大了扶贫资金的投入，沿河利用国家的扶贫贷款，兴办一些企业，但由于生产的产品不能适应市场的要求被市场淘汰出局。现在仅存的几家小水泥厂、茶厂又由于融资困难，发展缓慢，规模企业在三次产业中的比重小，远没有成为国民经济的主导力量，也远没有成为全县的支柱财源，与“兴工富县”的要求相距甚远。2007 年沿河规模以上工业总产值为 19 586 万元，2008 年、2009 年规模以上工业总产值分别增长 33.77%、24.9%，2010 年沿河规模以上工业总产值再创新高，迈上 4 亿元台阶，达 4.12 亿元，增长 25.97%。然而，2010 年秀山、酉阳和彭水分别为 66.5 亿元、48 亿元和 26.6 亿元，沿河与之差距巨大，与全国、全省平均值相比差距更大。

(三) 第三产业发展刚刚起步

沿河围绕“一江两区三文化”发展构架，切实加大旅游资源推介和开发力度，挖掘和整理了一批民族文化，文化旅游产业发展起步良好，并将其作为扩大开放、挤进川渝经济圈的突破口。通过加强景区、景点开发，完善基础设施建设和提升景区的通达能力，大力发展乡村旅游，旅游的品牌效应不断凸显。

2008年全年接待旅客100万人次，旅游综合收入超过4亿元。

三、沿河农业发展现状

（一）优势方面

1. 农业资源条件较优越

沿河有效牧地为180.75万亩，属中亚热带季风湿润气候区，气候温暖湿润，水热同期，光温同步，这种独特的乌江流域低河谷气候，适宜农作物生长、发育和繁衍，是发展粮食产业和生态畜牧业得天独厚的地理条件。境内水资源较丰富，全县有泉井1495处，灌溉工程214处，有效灌溉7.44万亩。有防洪工程27处，保护耕地1.07万亩。沿河自古是农业大县，形成农业发展的基本格局，积累了丰富的农业种植和经营经验。

2. 发展基础及社会环境较为良好

近年来，通过不断发展与建设，全县的经济建设和各项社会事业取得了令人瞩目的成就，农业产业结构调整初见成效，形成以马粮、烟、牧为主的产业化发展体系，农业产业化经营已开始起步。国有企业改革稳步推进，经济运行质量和效益明显提高。全县社会稳定，民族团结，社会事业全面繁荣，人民生活水平显著提高。

（二）制约因素

1. 自然灾害频繁，生态环境破坏严重

灾害性天气频发，山地自然灾害引起巨大损失，生态环境破坏严重，森林植被破坏严重，水土流失不断加剧。

2. 区位劣势，地理环境差，基础设施滞后

从地理环境上看，沿河属边远的山区小县，边远偏僻的地理位置形成了明显的区位劣势。地处山岭重丘地区，山高坡陡，要实现农业机械化和现代化难度很大，困难很多。沿河地理环境差，基础设施滞后，交通不便，信息不灵等的“瓶颈”制约，严重影响了该县社会经济的发展。

3. 经济基础弱，投资不足，生产要素缺乏

沿河属典型的山区农业县，经济基础底子薄弱，经济的发展明显地落后于省内平原发达地区，乡镇经济发展也滞后。沿河经济发展战略以发展山区农业为特色，但资金投入偏小，农业生产潜力尚待开发，规模效应未能产生，对相关经济的带动不够，未能形成以农业带动工业的大农业体系。支持全县经济快速发展的资金、技术、人才、管理等社会资源缺乏。

4. 思想解放程度低，观念更新迟缓

沿河地处偏僻，历史形成的交通不畅、通信闭塞，使一部分群众长期受自然经济观念的影响，思想解放程度低，观念更新迟缓，难以形成适应现代经济发展需要的新理念。在处理当前与长远关系时，偏重于短期经济效益，忽视生态保护和可持续发展。一部分干部和群众自我封闭、小富即安的小农经济意识浓厚，“怕吃亏”“怕受骗上当”“怕肥水外流”，因循守旧、不思进取的依赖思想严重，缺乏强烈的竞争意识，缺乏与时俱进、开拓进取精神。更为严重的是，个别政府部门的服务意识淡薄，甚至有向企业摊派索要的现象，损害了政府的公众形象，挫伤了企业的投资积极性，这些思想观念上的差距，都将直接或间接地成为该县经济和社会事业快速发展的障碍。

四、沿河生态农业产业体系构建

生态农业产业链的建立是形成生态产业系统的基础与保障，主要通过农业内部要素，以及其与生态工业、生态服务业和环保产业之间的物质、能量、信息的联结来构建。生态农业产业链的构建包含两层内容，首先应在农业内部通过建立生态农业产业链以实现产业的生态化；其次，向外拓展到与生态工业、生态服务业及环保产业的产业链的连接，在农业链的环节奠定整个生态产业链实现的基础。

（一）生态种植业

根据市场的需求，围绕农产品质量标准体系建设，发展绿色食品、有机食品基地，建立马铃薯、苦荞、空心李、茶和烤烟等特色种植业。

1. 生态马铃薯产业

沿河是贵州马铃薯和红薯主产县之一，是农业部确立的马铃薯脱毒繁育试点县。县内各乡（镇）均有种植马铃薯和红薯的习惯，常年种植面积分别在15万亩以上。红薯常年播种面积15万亩，产量30万t；马铃薯年播种面积15万亩，总产近20万t。其中马铃薯大部分是近年推广的脱毒种薯（威芋3号、鄂薯5号及费乌瑞它等），具有产量高（单产2000kg以上）、表面光洁、芽眼少、淀粉含量高等优点，适宜自动化加工。

2. 生态苦荞产业

沿河苦荞是一种富含人体所需的多种微量元素的纯天然农产品，营养价值高，且苦荞大多种植在人口稀少没有污染的冷凉山区，加之在种植过程中不施任何化肥和农药，被人们视为纯天然绿色食品。沿河山坡地大多海拔较高、地广人稀，形成了当地广大农民以种植管理粗放、耐寒抗旱的荞麦为过冬农作物的生产习惯。近年来每年荞麦的种植面积近10万亩，其中苦荞种植面积在2万亩以上，总产量约4000t。

3. 生态空心李产业

沿河沙子镇的空心李以酸甜适度、清香爽口、营养丰富、清热解毒、健脾益寿等特点闻名省内外，经国家营养科研部门化验，每100g空心李含蛋白质0.2～0.5g，脂肪0.2～0.7g，碳水化合物6.6～14.9g，钙1720mg。目前，已栽培1.5万多亩，年产2万t。因沙子空心李对环境、气候、土质等自然条件要求十分严格，异地栽种，品质变劣。为充分开发这一特色资源，拟引资将基地扩建到2万亩，年产3万t李子；建一座面积3000m^2、年保鲜能力0.5万t的保鲜库；建年出苗30万株的苗圃基地。

在未来的空心李产业发展中，还应大力研发和应用生物技术，推广空心李的种植技术、扩大种植面积，尤其在保鲜防腐方面应加大科研力度，突破技术难关，形成特色、优势产业。并进一步加强农业旅游的基础建设，更好地与生态服务业衔接，延长农业产业链，拉动经济增长。

4. 生态茶产业

沿河提出要振兴当地的茶产业，把生态茶打造成为继烤烟之后的又一富民富县支柱产业。沿河县委、县政府还出台了《关于加快生态茶产业发展的意见》，提出了要从资金、政策上向生态茶产业倾斜，从基地建设、龙头企业扶持、人才培训、品牌建设等环节上做好基础性工作。

到2010年上半年，沿河县累计建标准化生态茶园6.3万亩，新建1000亩以上的连片基地26个，100亩以上的种茶大户126户，已有1.07万亩茶园实现初投产，直接带动茶农增收1400万元，种茶农户户均收入810元，实现茶产业综合收入2000多万元，茶产业正逐渐成为贫困群众增收致富的新路子。按照该县茶业发展规划，到2020年，全县将新建无性系良种茶园15万亩以上，其中有机茶园3万亩。建立以沙子、中界、晓景、谯家、甘溪、夹石、板场、黑水、黑獭9个乡镇为主的南部富硒茶产业带；建立以官舟、土地坳、泉坝、中寨、思渠、黄土、新景、客田、洪渡、塘坝10个乡镇为主的生态茶产业带。实现茶产业综合收入10亿元以上。无公害茶叶认证面积占茶园总面积的100%，其中绿色食品茶认证面积占茶园总面积的30%，有机茶认证面积占茶园总面积的20%。把沿河建成国内绿茶、花茶、珠茶的原料基地，黔东北茶叶市场交易中心，富硒有机绿茶大县。在注重茶园规模和质量的同时，沿河县提出要加大对现有茶叶生产企业扶持力度。

5. 特色烤烟产业

发展适度规模种植。2009年全县5万kg以上的重点村41个，20亩以上的种烟农户435户，占全县计划总面积的18.72%。其中，50亩以上的13户，100亩以上的3户。各种产烟乡镇通过采取规划烟区，土地承包、租赁等措施，鼓励能人跨村、跨组种植烤烟，积极探索土地资源合理流转的方式方法，充分发挥连片土地资源的整体优势。

（二）农副产品加工产业

在发展特色农业的基础上，大力发展农产品加工业，如马铃薯、苦荞、肉制品等，实行农业产业化经营。沿河农副产品加工产业链如图5-4所示。

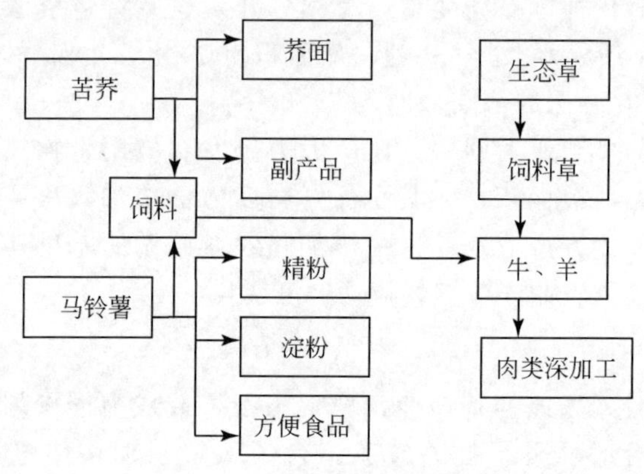

图5-4　农副产品加工产业链

（三）生态畜牧业

沿河的农业主要以种植业和畜牧业为主，因此发展生态农业内部的产业链也主要围绕种植业和畜牧业构建。沿河的生态农业发展模式主要以“种植一农区饲养型”为宜，即以稻田为中心，发展农区饲养业（养猪、鸡、鸭等），充分利用作物秸秆等饲料资源，经过腹还田增加土地的肥力，形成以种稻为主的农牧复合系统。农牧复合系统由植物、动物和微生物3个子系统所组成：稳定发展种植业，建立高效节粮型畜牧业生产体系，继而建立以农促牧，以牧促农，以农牧产品促加工的种养加农业生产新体系。图5-5为沿河生态畜牧业产业链构建图。

沿河的生态畜牧业发展应根据自身优势，大力发展山羊养殖，初步发展生猪养殖，积极发展肉牛养殖，适度发展渔业。大力开展种草养畜，缓解生态保护与发展畜牧业之间的矛盾。要积极开展人工种草，推进农民养殖方式的转变，实现饲草、饲料开发上的突破，走科技兴畜的生态畜牧业发展之路。充分利用农闲田土，大力推广林草间作，粮草轮作，扩大人工种草面积，促进“粮经饲”三元结构种植，并积极推广农作物秸秆青贮、氧化利用技术，开展饲料青贮，

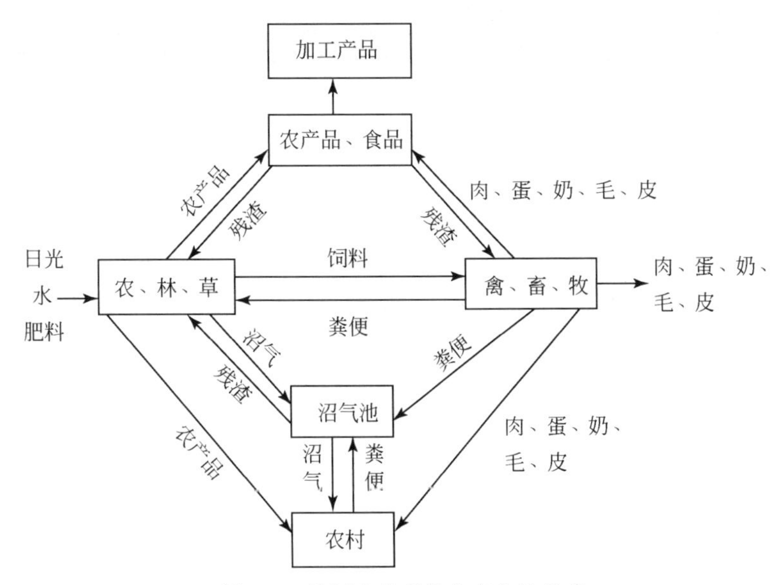

图 5-5　沿河生态畜牧业产业链构建

秸秆氨化，推进秸秆养畜的新发展。

（四）建立农业科技园区

建立持续、高效的新型农业技术结构和生产体系，形成具有沿河特色的持续高效生态农业示范区，使其成为农业现代化的展示窗口，现代高新农业科技成果转化的孵化器，贵阳农业科技示范中心，生态型安全食品的生产示范基地，现代农业先进信息、技术、品种的博览园和城市农业观光园；积极实施“现代农业科技工程”，在良种繁育、农业科技攻关、农业技术示范推广、农科教结合上有大的发展。

（五）生态观光农业

目前，沿河依托空心李品牌已经开始发展生态观光农业。县政府凭借山区地形和空心李基地，成功举办了李花节，扩大空心李品牌效应的同时也发展了观光农业。在以后的发展中，沿河还应通过合理规划、设计、施工，建立具有农村生产、生态、生活合一的区域，并与人们回归大自然的愿望与发展休闲度假旅游相结合，在实现高科技、高效益、集约化、市场化的现代经营活动的同时，达到美化环境，提供观光旅游，形成农业与旅游项目、服务设施相配套的格局。

（六）生态能源、沼气综合开发与改善农村人居环境

调整农村能源结构，大力推广清洁能源，积极发展沼气、电热、液化气、太阳能热水器、节柴灶、塑料大棚、地膜覆盖等，大力开发利用农村新能源，这是一项环境、经济、社会、生态效益显著的建设。

通过实施以户用沼气综合利用模式为重点的农村能源改造，对农村人畜粪便和农用废弃物进行再利用，解决农村能源短缺问题，形成以农户为基本生活、生产单元的生态良性循环，促进和保护生态平衡，改善农业生态环境，实现种植业与养殖业相结合，增加农民收入、促进农民脱贫致富奔小康。实现农用废弃物资源化、农户家居清洁化、庭院经济高效化、农业生产无公害化、农民生活文明化，降低农民生活用煤、用柴造成广泛低空的空气面源污染及生态破坏，改善大气环境质量。农村沼气普及以点带面的形式，以沼气为纽带，与种养相结合，建立多种模式，带动生态农业的发展。沼气池建池模式以养殖—沼气—种植三位一体，并结合改圈、改厕、改灶及村寨公路、饮水工程等基础设施建设，改善农村人居环境。

五、乌江流域三区县农业发展比较

（一）农业生产基础条件比较

目前，沿河县有灌溉工程 214 处，可有效灌溉 7.44 万亩。有防洪工程 27 处，保护耕地 10 745 亩。县内有县属 2 个农场和 2 个林场。

南川有耕地资源 105.4 万亩，占辖区面积的 27%。南川北部已建立起包括 20 个乡镇的生态农业园。完成了 12 座水库的病险整治和 24 个乡镇的场镇人饮工程，龙凤灌区水利骨干工程、水土保持成片治理工程等重点水利工程如期完工，金佛山水库工程、鱼龙灌区建设等重大水利项目前期工作全面展开。沼气池数量达到 1.29 万口，机电提水能力达到 1800 万 m^3，推广农机新机具 4130 台。

武隆有效灌溉面积累计达到 20.81 万亩，实施农田水利工程 1890 处，全县农业机械总动力达 17.39 万 kW，同比增长 3.6%。商品蔬菜播种面积 18.74 万亩；新发展优质中药材 3.6 万亩；烤烟种植面积 7.45 万亩。三区县的农业生产基础条件比较如表 5-2 所示。

表 5-2　三区县农业生产基础条件比较

指标	沿河	南川	武隆
耕地面积/ha	26 305	93 559	70 660
农业从业人员/人	201 214	358 600	238 351
农业机械总动力/kW	136 000	321 000	167 936
农村用电量/(kW·h)	10 387 682	15 000	5 684

续表

指标	沿河	南川	武隆
乡、村办水电站/个	—	72	81
乡、村办水电站装机容量/kW	—	23 910	121 954
乡、村办水电站发电量/(万 kW·h)	—	—	54 869
沼气池个数/个	460 000	—	33 177
农用化肥施用量/t	44 327	34 500	17 138
农用塑料薄膜使用量/t	923	215	603
农用柴油使用量/t	990	—	7 421

（二）农业发展现状比较

1. 沿河

基地建设方面，已建成 0.5 万亩早熟蔬菜基地，6 万亩优质稻基地，7 万亩优质油菜基地，4 万亩珍珠花生基地，7 万亩脱毒马铃薯生产基地，0.5 万亩富硒茶已正常生产，即将对 0.15 万亩空心李低产果园进行改造。

农业产业化方面，初步达成两家农产品加工龙头企业落户沿河意向；订单油菜等订单蔬菜发展迅猛，订单油菜面积达 0.2 万亩，订单蔬菜面积达 0.27 万亩；已建立起蔬菜协会、山羊合作社、水果协会等 6 个专业合作组织，会员 940 户。

龙头企业方面，有包括食品、畜牧等企业 6 家。

2. 南川

基地建设方面，建立了以优质稻、茶叶、蔬菜、水产品为主的无公害农产品基地 20 万亩，中药材基地 7.5 万亩，笋竹基地 15 万亩，茶叶基地 4.5 万亩，优质稻基地 20 万亩，甘蓝型黄籽油菜基地 10 万亩，苎麻基地 2.5 万亩，蚕桑基地 3.2 万亩，烤烟基地 2 万亩，香料基地 2.8 万亩，花卉基地 0.3 万亩。

龙头企业方面，有重庆市市级农业产业化龙头企业 3 家和南川区级农业产业化龙头企业 18 家。

主导产业方面，有中药材、笋竹、茶叶、优质稻、生猪五大产业。

3. 武隆

主导产业方面，生猪、蔬菜等主导产业的覆盖率达到 50.5%。近年来年均种植蔬菜 30 万亩，年均产值超过 5 亿元，实现加工销售收入 1.2 亿元，其中出口创汇 300 万美元。武隆高山甘蓝等 5 个蔬菜品种获得绿色食品认证，高山辣椒等 5 个蔬菜地理标志通过农业部审定。2009 年蔬菜播种面积 30.6 万亩，产量

58.3 万 t，实现销售收入 3.6 亿元。出栏生猪 69.1 万头，畜牧业实现产值 8.1 亿元。

生态农业方面，有高山蔬菜、中药材、林产品等。

农业产业化方面，生猪产业稳步发展，出栏 50.15 万头；商品蔬菜播种面积 14.4 万亩；新发展优质中药材 2.81 万亩；烤烟种植 6.8 万亩，收购 10.96 万担；17 个农产品获得国家认证。

其他产业方面，2009 年发展中药材 3 万亩，中药材加工实现产值 7000 万元；稳步推进烤烟发展，全年种植烤烟 7.2 万亩，收购烟叶 18 万担，实现产值 1.2 亿元。同时，因地制宜发展林产业、蚕桑、苎麻、水产养殖等后续产业。

龙头企业方面，全县农业产业化龙头企业达 18 家，其中市级 5 家。

(三) 农业发展优势和制约因素比较

1. 沿河

发展优势：①农业基础设施条件明显改善，抗灾能力大幅度提高，排灌体系建设进一步强化。②农产品生产能力比较稳定，供求关系趋于缓和。③整个国民经济结构重组和产业升级加快，为该县调整农村经济结构和农业产业结构、提升结构层次提供了有利时机。

制约因素：农业生产的规模化和组织化程度低。相当一部分农业经营的主体——农民市场意识淡薄，信息不灵，缺乏应有的市场开拓能力。缺乏优质品种，化肥农药用量过大。耕地递减与人口递增的矛盾、农业基础设施脆弱与农业可持续发展的矛盾仍然十分突出。目前该县农业仍然是一个抗灾型的风险性农业，自然灾害发生频繁，始终是心腹大患，抗灾夺丰收是该县一项长期艰巨的任务。农产品质量和农业综合效益提高不快。科技含量偏低。农产品供给与劳动力供给相对过剩。农产品加工滞后，供应市场出售、外销的农产品大都是未经加工或加工程度很低的原料和初级加工品，而通过加工开发出的高附加值、高技术含量的拳头产品则更少。农产品市场体系不够健全。

2. 南川

发展优势：①区位优势明显，南川将融入重庆主城 1 小时经济圈，将有力地促进南川资源优势转化为产业优势、经济优势和竞争优势，推动南川经济驶入“快车道”。②农业、农村经济发展潜力大，南川自然条件适宜农业发展，农业资源富集，农村基础设施有较大改善，农业产业发展已具有一定基础，农民素质有较大提高，为生态农业的建设打下了坚实基础。③农业生态环境良好。南川是全国造林绿化“百佳县（市）”，农业生态环境好，污染少，适宜发展无公害食品和绿色食品及观光农业。山地垂直地带性明显，为发展立体农业和特色农业提供了良好的条件。④产业优势突出。南川是全国茶叶生产基地县（市）、无规定动物疫病区、全国优质粮油生产基地、国家级优质稻标准化建设示范区、重庆市农机推广试点县（市），并在中药材、笋竹、茶叶、优质稻、生猪五大产业上有比较突出的优势和较强的市场竞争能力。

制约因素：①城乡收入差距拉大。近年来，南川城镇职工年平均工资与农民人均纯收入之比，从2000年的2.7∶1拉大到近年来的3.8∶1。同时，全区还有2.01万农村绝对贫困人口和5.03万相对贫困人口。②农业综合生产能力不强。农业基础设施建设欠账较大，防灾抗灾的能力不强，农业机械化水平较低，农业科技服务体系建设较落后，农业科技水平较低，农业产业化水平不高，龙头企业发展不够，农产品流通渠道不畅。③农业农村经济结构不很合理。农业仍然以传统的粮猪型结构为主，农村第二、第三产业比重较小，主要农产品优质率较低，农产品市场竞争力不强。④农村社会事业发展水平整体滞后。农民文化素质相对较低，看病难的问题没有得到很好解决，因天灾人祸致贫返贫问题较突出。

3. 武隆

发展优势：西部大开发战略重点已转入基础设施和产业发展并重的新阶段，国家有望建立长期稳定的资金渠道，为该县经济和社会加快发展带来了新机遇；国家建立三峡库区产业发展基金和移民后期扶持基金，为该县培育支柱产业，解决产业空虚问题提供了巨大帮扶；乌江武隆银盘电站等项目陆续启动和农业产业化加快推进。

制约因素：基础条件、区位条件差，经济总量小，财政实力弱；农业产业化还处在起步阶段，农民收入增长缓慢，解决“三农”问题任务艰巨；科技含量高、带动力强的骨干企业少，新型工业化任重道远；人才匮乏，总体素质不高，创新能力不强；城镇化水平低，城乡就业压力大；社会事业发展水平与人民群众的需求还有较大差距；改革发展中积累的一些社会矛盾和问题仍较突出。

（四）农业发展重点比较

1. 沿河

沿河可利用典型山区优势建设成为山区生态农业大县，利用“沿河山羊”这一地方优良品种建设成为全国优质山羊基地和全省畜牧强县，凭借优越的区位优势建设成为重庆的后方农副产品供应基地。

2. 南川

南川可打造南部特色旅游区和北部生态农业园。北部生态农业园应该充分发挥其种养业优势，大力发展优质粮食生产和多种经营，重点建设生态农业大观园区，建立名优特新绿色食品基地。南部特色旅游区可发展农业生态观光旅游。围绕粮食和笋竹、中药材、畜牧、蔬菜、茶叶等发展骨干产业，围绕烤烟、苎麻、蚕桑等发展特色产业。

3. 武隆

应强力发展以优质生猪为主的畜牧业、无公害蔬菜、中药材、烤烟等骨干产业，改造提升林产业、蚕桑、苎麻等传统产业，着力培育以冷水性鱼类养殖为主的水产业和猕猴桃、胭脂萝卜等后续产业。扩大经营规模，加快形成优势产业带和特色产业区。

第二节　重庆南川区——生态工业示范区

一、南川自然、社会现状及其生态环境总体评价

（一）自然、社会现状

南川位于渝南黔北，辖区面积2602km^2，人口65万人，是重庆“一小时经济圈”23个区县之一。南川交通优势明显，资源较为富集，铝土矿远景储量3.2亿t，已探明储量1.1亿t；煤炭资源总储量5.48亿t，其中各矿井占有储量0.68亿t，已探明未利用及深部资源预测共4.8亿t；石灰石、石英砂、耐火粘土分布广泛。金佛山集国家森林公园、全国重点风景名胜区、国家自然保护区、国家首批科普教育基地、国家自然遗产于一身，楠竹山、山王坪、神龙峡、黎香湖、大观温泉极具开发价值。全区海拔高差1911m，属亚热带季风气候，有大小河流91条，森林覆盖率达到43%。

南川工业经济起步较早，产业相对集聚，工业方面的人才相对比较集中，工业基础较为扎实，占全区的比重较大。南川2010年地区生产总值达到138亿元，增长20%，人均突破4000美元；财政总收入突破30亿，增长1.3倍；地方财政收入、固定资产投资、实际利用外资等主要指标增速列重庆前列。

（二）生态环境总体评价

1. 总体评价

重庆南川以发展工业为主，多年来环境污染和生态破坏严重。现在南川以建设“生态南川、宜居南川”为目标，积极启动国家级生态示范区建设，强力推进环保“四大行动”，大力实施环保民心工程，促进区域环境质量持续改善。近年来，南川城区空气环境质量改善二氧化硫、可吸入颗粒物年日均值指标逐

年下降。城区饮用水水源地水质达标率为100%，乡镇集中式饮用水水源地水质达标率为96.8%，出境断面水质持续改善。城区区域环境噪声54.6分贝，道路交通噪声63.5分贝，城区噪声环境质量达到规定要求。

2. 生态足迹分析

将生态足迹分析应用到南川生态环境定量研究中，可以从新的思路为南川生态建设、发展生态产业及实现可持续发展提供研究基础和现实条件。研究发现，6类不同生物生产性土地的生态足迹用地总体增长。其中耕地、林地、化石燃料用地为波浪式增长，而牧草地、水域和建筑用地的生态足迹则呈直线增长趋势。进一步分析发现，南川的肉类产量和禽蛋产量的总量大是造成牧草地生态足迹大的原因，而伴随着能源需求的增加，化石燃料的生态足迹也增加，这反过来制约了能源的供应，能源问题将比以往任何时候都令人关注。

不同土地类型的总生态承载力也呈现动态变化。各类生物生产性土地的供给面积都有所增加，尤其是林地的供给面积增加幅度最大，水域的供给面积和牧草地的供给面积有所下降，这说明这两方面的发展力度已超出生态环境可承受的范围。耕地增幅较大，这是因为耕地本身是生产力较高的土地，加上各种农业栽培技术的提高、种子的改良和绿色肥料的使用使得耕地生态承载力最大，并呈上升趋势。耕地面积的变化对于保持土地资源安全和食品供给安全都具有十分重要的意义。南川生态承载力和生态足迹平衡表如表5-3所示。

表5-3 2007年、2010年南川生态承载力和生态足迹平衡表

（单位：hm^2）

土地类型	人均生态承载力		人均生态足迹		人均生态赤字	
	2007年	2010年	2007年	2010年	2007年	2010年
耕地	0.295 884	0.278 546	0.430 546	0.450 111	0.134 662	0.171 565
林地	0.215 272	0.224 912	0.037 137	0.039 462	−0.178 140	−0.185 45
牧草地	0.002 081	0.002 001	0.893 517	0.912 731	0.891 436	0.910 73
水域	0.001 546	0.001 429	0.063 480	0.063 642	0.061 934	0.062 213
建设用地	0.046 912	0.059 121	0.001 398	0.001 598	−0.045 510	−0.05 752
化石燃料用地	0.067 404	0.074 215	0.466 919	0.480 134	0.399 515	0.405 919
小计	0.629 099	0.630 224	1.892 997	1.947 678	1.263 898	1.317 454
扣除生物多样性保护（12%）	0.075 492	0.075 627	—	—	—	—
合计	0.553 607	0.554 597	1.892 997	1.947 678	1.393 081	1.339 390

注：负号表示该项为生态盈余

由表5-4可以看出，各种土地类型人均生态承载力总量上最大的为耕地，其次为林地和化石燃料用地，可以看出南川的生态资源主要为耕地和林地。水域和牧草地总量小，又呈现减少趋势，他们的承载力极其微弱。分析各种土地类型的人均生态承载力的动态变化可以得知，五种土地类型中林地、建设用地和化石燃料用地的供给增加了，其他都下降，但总体上下降的幅度比增加的幅度小。从人均生态足迹来看，最大的是牧草地，其次是化石燃料用地和耕地。从各种土地类型的人均生态足迹的动态变化可以得知，除了水域的生态的生态足迹有所减少，其他四种土地类型的需求都增加了。

南川总生态赤字和总生态足迹几乎同步增长，2007年的人均生态赤字为1.339 390hm^2，2010年人均生态赤字达到了1.393 081hm^2/人。这是因为土地资源是有限的，尽管由于技术的进步和管理水平的提高，南川的土地的产量因子都有所提高，其生态承载力水平也相应得到提高，但是生态承载力的增加速度慢得多，有时出现停滞甚至减少，导致生态足迹越大，生态赤字也就越大，人均生态赤字与总生态赤字变化趋势基本相同。

在生态总体超载，且总生态赤字逐年增加的情况下，进一步分析各类生物生产性土地对于生态赤字的贡献情况可以看出，六类生物生产性土地当中，林地和建设用地一直为生态盈余状态，这说明林地和建设用地的资源较目前的使用还有一定的开发空间，其余四项均为生态赤字。其中生态赤字最大的是牧草地，生态赤字的增长呈直线型。这是因为南川的畜牧业发展规模日益增加，对牧草地的需求增加，但是牧草地的资源却并不丰富，其生态承载力很小。化石能源用地生态赤字的增加是因为南川依托自身丰富的矿产资源优势，一直以来发展资源型工业，随着经济的发展，能源的消耗量迅速增加，化石燃料的排放越来越多，化石燃料用地的需求也是越来越大。耕地的生态承载力虽然在各类生物生产性土地当中是最大的，但与此同时耕地生态足迹也逐年增大，其增长速度远远大于生态承载力的增长速度，因此，耕地的生态赤字也逐年加大。南川2007年和2010年生态承载力对比情况、人均生态足迹对比情况，以及2007～2010年人均生态赤字变化趋势分别如图5-6～图5-8所示。

总的来说，南川以山地为主，生态环境脆弱、人多地少，人地矛盾突出，再加上开发利用方式不当，国民经济以资源依赖型工业为主导产业，使得生态足迹远远超过了生态承载力的范围。根据国家可持续发展分级标准，可持续发展分为可持续、弱可持续、弱不可持续、不可持续和强不可持续五个等级，南川属于不可持续发展状态。

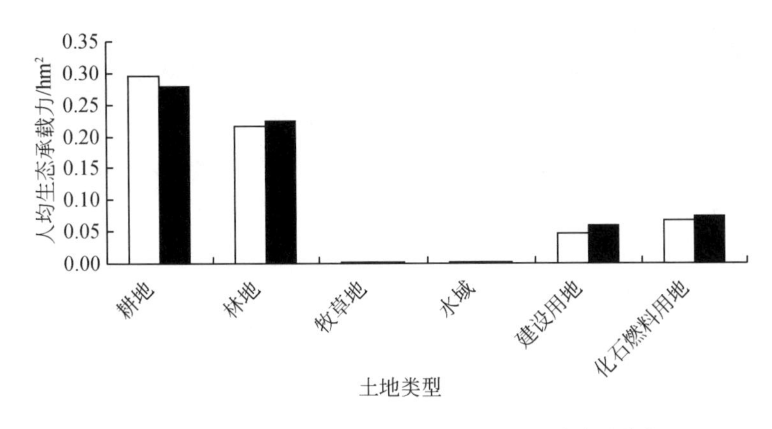

图 5-6　南川 2007 年与 2010 年生态承载力对比图

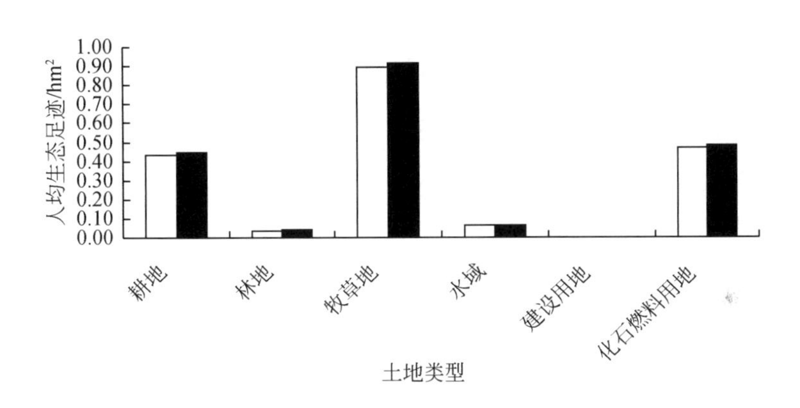

图 5-7　南川 2007 年与 2010 年人均生态足迹对比图

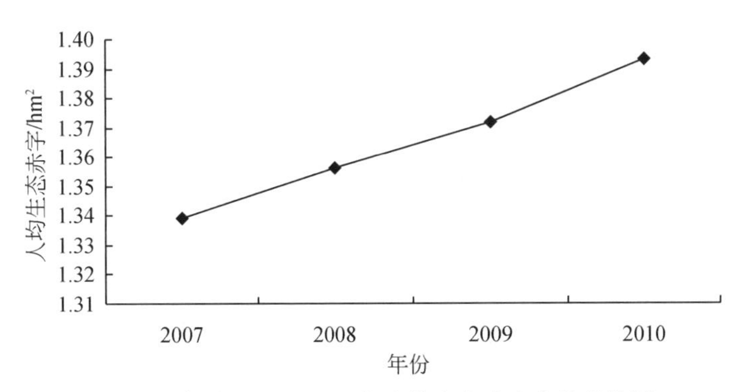

图 5-8　南川 2007～2010 年人均生态赤字变化趋势图

（三）南川的可持续发展对策

(1) 保护耕地、林地，发展生态农业，坚持走农业产业化道路。生态足迹中牧草地的生态赤字最大，应该发展生态畜牧业；大力发展生态林业、生态种植业，压缩林地、耕地的生产规模，提高经济作物比重，发展高效优质生态农业，同时结合重庆城乡统筹对农村发展的利好机会和优惠政策，把农业产业化经营放在突出位置。

(2) 发展生态工业和生态第三产业，提高能源利用效率，降低能耗。南川的工业发展对于能源的需求将会不断增加，为了使经济社会和生态环境能够可持续发展，必须转变粗放式的发展模式，充分利用国内外资源和市场，积极调整能源结构，实行能源多元化战略；逐步提高清洁、优质能源的比重，大力开发可再生能源；进一步提高能源利用效率，缩小单位产值能耗，严格控制能源使用对生态环境造成的破坏和污染。

(3) 严格控制人口数量，减少生态足迹。2010 年南川的人口已达 67 万人，人多总量大使得消费量也随之增加，再加上不可持续的消费方式，废弃物排放量也大大增加。因此，应该严格控制人口增长，从源头上控制资源消耗量的增加。加强人们对生态环境的保护意识，提倡可持续的消费观念，减少生态足迹。

二、南川产业发展特点

（一）农业产业化发展基本成形，建立了生态农业示范区

农业基础条件相对良好，笋竹、中药材、茶叶、蔬菜、畜禽、优质稻等产业初具规模。旅游业加快发展。农业产业化示范区初具规模，并将以基地方式逐步实现产业化，科技支撑示范作用凸显，农业对外开放示范工程初见成效。目前，重庆南川生态农业示范区内已建成万亩绿色精品稻米基地、万亩优质稻综合试验基地、万亩农田保护性耕作技术示范片。培育 100 亩以上优质稻种植大户 3 户。项目区建成了国家级优质稻、优质油菜农业标准化示范区，生产的“金佛山贡米”“大观米”获得国家级“有机食品认证”“绿色食品认证”。除此以外，还建成了绿色有机蔬菜基地、无公害茶叶基地、生猪现代养殖小区等。

（二）工业起步较早，产业相对集中

工业发展历史较早，所占 GDP 比重大，相对第一、第三产业，发展更完善，产业相对集聚。工业经济起步较早，工业基础较为扎实，工业方面的人才相对集中，已形成铝工业、能源、化肥、氯碱等主要产业，规模以上企业 104 家，重庆“工业五十强企业”2 家。南川工业以资源为依托，目前已经初步形成了铝、煤炭、化工、电力、机械、建材、食品、轻纺、医药九大工业行业体系，工业已

成为南川国民经济最重要的支柱。

(三) 第三产业发展迅速

坚持培育大产业、促进大流通、拉动大消费，促进第三产业升级提速。一是金佛山旅游开发全面展开。英国阿特金斯公司承担的金佛山旅游开发策划规划工作基本完成。旅游基础设施、服务设施、景区景点建设加快。2010 年接待游客 220 万人次，实现旅游综合收入 11 亿元，分别比 2009 年增长 36%和 81%，初步构建了以金佛山为核心，神龙峡、黎香湖、生态大观园、中心城区等特色景区景点开发全面推进新格局。二是商贸流通日益繁荣活跃。重庆商社（集团）有限公司进入南川，投资 6 亿元开发城市中心商圈；工业品、建材、山货、汽车等专业市场逐步完善；水江、大观集贸市场竣工；“双建工程”和“千社千店”工程顺利推进，建成便民店 121 个、放心店 100 个，新增商业面积 2 万 m^2；获全国供销合作社系统先进集体。商业氛围日益浓烈，国润百货、陶然居连锁等入驻南川，商业业态进一步丰富。2010 年实现社会消费品零售总额 49.6 亿元，增长 23.5%。

三、南川生态工业发展现状

(一) 有利条件

1. 区位优势比较突出

南川是重庆规划建设的新兴中等城市，位于重庆南部，为经济相对发达的重庆与相对落后的武陵山区和黔北地区的过渡带，是重庆通向贵州的“经济走廊”，特别是重庆通向黔北的桥头堡，也是重庆与渝东南和我国中部地区陆上联系的战略要塞，有着“承北启南，左右传递”的区域要冲优势，是重庆辐射周边、向外交流的重要窗口，有着广阔的商品经济市场。

2. 交通优势明显

目前初步形成了以重庆主城为核心，由南川经巴南到重庆主城，或经万盛、綦江到重庆主城，并与南川经涪陵、长寿到重庆主城交织的公路交通环线。2006 年年底，渝湘高速公路重庆界石到南川段通车后，南川城区到重庆主城区仅有 55km，到重庆江北国际机场和长江深水码头只需 1h 便可到达，从而真正地融入重庆“一小时经济圈”。同时，南川经万盛连接渝黔铁路的铁路交通优势突出，2012 年 9 月底通车的南（川）涪（陵）铁路将渝怀铁路和渝黔铁路网连接在一起，南川的区域性交通“瓶颈”被彻底打破。

3. 境内可供工业发展利用的资源丰富

一是矿产资源富集。南川境内有各种矿产 20 多种，已开发利用的有煤、铝土矿、石英砂、页岩、石灰岩等矿产，其中，铝土矿和煤是南川的优势矿种。此外，有石英砂约2000万t、铁矿约618万t、耐火粘土1318万t等，都有较好的开发价值。二是农副产品及其他可开发的植物资源丰富，为南川农副产品加工业发展提供必要的资源条件。三是具备一定的能源资源开发利用的基础条件，为南川工业发展提供了基本电力保障。南川天然气一期、二期的竣工，为南川工业结构调整奠定了基础。

4. 具有较好的工业发展基础

南川工业以资源资源为依托，目前已经初步形成了铝、煤炭、化工、电力、机械、建材、食品、轻纺、医药九大工业行业体系，工业已成为南川国民经济最重要的支柱。南川主要工业产品产量如表5-4所示。

表5-4　南川主要工业产品产量

产品名称	产量	比上年增长%
原煤/万t	110.74	6.0
铝原矿实物量/万t	71.43	116.4
氧化铝/万t	17.63	13.9
水泥/万t	90.87	11.4
耐火材料制品/万t	29.70	16.2
发电量/(万kW·h)	63 153.01	−3.8
焦炭/万t	43.41	1.8
硫酸/万t	30.80	−1.7
磷铵实物量/万t	35.58	10.7
橡胶靴鞋（胶鞋）/万双	469.35	3.4
平板玻璃/万重量箱	110.00	2.7

注：负号表示该项为负增长

5. 处于重庆与贵州经济协作发展的新的历史阶段

在川渝的协作发展中，目前重庆在合作重点上从四川转向了贵州，并已经与贵州签订了“1+16”经济协作发展协议。两地合作的重点区域就在矿产资源等相对富集的渝南和黔北连片区。南川是渝南成长中的经济高地，与黔北地区联系紧密，是渝黔合作发展的战略重点之一。

（二）制约因素

1. 工业产品竞争力较弱，工业投资后劲乏力

2010年，南川规模以上工业企业总产值完成128.52亿元，在重庆40区县中排第20位，在10区中排第7位；规模以上工业总产值增长32.5%，在40区

县中排第 20 位，在 10 区中排第 9 位；规模以上工业增加值增速 27.2%，在重庆 40 区县中排第 8 位，在 10 区中排第 8 位，如表 5-5 所示。

表 5-5　2010 年南川规模以上工业总产值、工业增加值及其增速在全市排位

区县	工业总产值/万元	全市排位	10 区排位	工业总产值增速/%	全市排位	10 区排位	工业增加值增速/%	全市排位	10 区排位
万州区	3 752 244	11	4	34.8	11	8	28.9	3	3
黔江区	924 626	22	9	42.9	1	1	30.1	1	1
涪陵区	5 353 736	5	1	37.6	5	4	28.5	6	6
万盛区	479 806	28	10	24.2	36	10	15.3	39	10
双桥区	972 937	21	8	39.8	2	2	29.3	2	2
长寿区	3 955 454	9	3	39.1	3	3	28.2	7	7
江津区	4 592 025	8	2	36.2	8	6	28.8	5	5
合川区	1 855 560	16	6	35.2	10	7	27.1	9	9
永川区	3 634 034	12	5	36.5	6	5	28.9	3	3
南川区	1 285 167	20	7	32.5	20	9	27.2	8	8
渝中区	179 792	37	—	15.6	40	—	13.2	40	—
大渡口区	2 386 007	14	—	26.8	33	—	21.6	32	—
江北区	5 011 302	6	—	31.4	22	—	24.4	20	—
沙坪坝区	6 102 962	3	—	29	24	—	24.2	21	—
九龙坡区	8 080 246	2	—	28.5	27	—	23.6	23	—
南岸区	5 836 757	4	—	22.2	38	—	18.5	37	—
北碚区	3 814 187	10	—	28.4	28	—	24	22	—
渝北区	12 183 887	1	—	29.6	23	—	24.5	19	—
巴南区	4 758 970	7	—	27.5	31	—	23	24	—
綦江县	1 610 446	18	—	35.9	9	—	25.6	13	—
潼南县	463 317	29	—	26.8	33	—	20.2	33	—
铜梁县	1 447 425	19	—	32.6	18	—	23	24	—
大足县	1 678 498	17	—	32.6	18	—	25	16	—
荣昌县	2 114 535	15	—	24.2	36	—	20.1	34	—
璧山县	2 696 336	13	—	36.5	6	—	26.5	11	—

资料来源：重庆市南川区人民政府网站（其中的双桥区与大足县，万盛区与綦江县分别于 2011 年合并为新的大足区和綦江区）

2010 年，全区工业投资在 40 区县中排第 15 位，在 10 区中排第 7 位，如表

5-6 所示。由于最近两年招商效果不佳，加之一些大项目（如中铝“80”项目、博赛三期扩能项目）均陆续投产，2010 年基本无 10 亿元以上投资的大项目。与长寿区相比，长寿区引进的德国巴斯夫 MDI 项目的投资额就相当于南川全年的工业投资。

表 5-6　南川 2010 年工业投资总量和增速在 40 区县中排位

	工业投资/亿元	全市排位	19 区排位	10 区排位	工业投资增速/%	全市排位	19 区排位	10 区排位
全市	2 233.69	—	—	—	24.6	—	—	—
万州区	147.03	2	2	2	18.3	22	7	3
黔江区	35.71	23	16	8	102.8	4	3	1
涪陵区	111.78	5	5	5	18.1	23	8	4
万盛区	15.75	36	17	9	−13.1	40	19	10
双桥区	5.83	39	18	10	−8.5	37	16	9
长寿区	175.74	1	1	1	15.2	27	11	7
江津区	112.01	4	4	4	32.6	14	4	2
合川区	84.38	10	10	6	5.1	33	15	8
永川区	136.82	3	3	3	15.5	26	10	6
南川区	60.36	15	13	7	17.7	25	9	5
渝中区	4.32	40	19	—	10.7	29	12	—
大渡口区	40.47	22	15	—	8.2	31	13	—
江北区	61.12	14	12	—	107.7	3	2	—
沙坪坝区	98.22	7	7	—	118.9	1	1	—
九龙坡区	54.94	17	14	—	−9.6	38	17	—
南岸区	71.12	12	11	—	7.5	32	14	—
北碚区	98.57	6	6	—	22.9	19	5	—
渝北区	96.54	8	8	—	−9.6	39	18	—
巴南区	88.39	9	9	—	20.1	20	6	—
綦江县	53.22	18	—	—	53.4	9	—	—
潼南县	33.54	26	—	—	19.0	21	—	—
铜梁县	72.45	11	—	—	59.0	7	—	—
大足县	42.37	21	—	—	34.3	12	—	—
荣昌县	58.13	16	—	—	31.1	16	—	—
璧山县	70.48	13	—	—	44.8	11	—	—

资料来源：重庆市南川区人民政府网站（其中的双桥区与大足县，万盛区与綦江县分别于 2011 年合并为新的大足区和綦江区）

2. 产业结构矛盾突出

一是产业基础比较薄弱，产业大多是资源型开发加工业，真正具有高附加值的产业几乎没有，粗放型增长特性表现较为明显，大多数行业都还不具备可持续发展的能力。二是产业结构不合理，工业产品多为资源型初级加工品，精深加工产品不多，工业品的附加值不高，缺乏名牌产品，产品之间形成完整产业链的不多。

3. 工业生产力发展不平衡

由于资源和交通的原因，南川的工业主要集中在中部地区，北部和东南部各乡镇，到目前为止仍以发展传统农业为主，区域发展严重失调。

4. 资源供给不足

一是水资源对南川工业发展的制约。南川水资源总量较低，供给呈现季节性变化，水资源分布严重不均。二是尽管南川煤炭资源较丰富，但开采难度较大，含硫量高，容易造成污染。目前煤炭的供应基本满足需要，但是随着年产80万t氧化铝等一大批重大项目的陆续投产，煤炭的供应显然满足不了需求。三是天然气资源的开发利用和电力的利用受到国家宏观调控，对以天然气为原料和能源及以电力为能源的行业形成了一定的制约。

四、南川生态工业体系构建

南川应该通过产业结构及产品结构调整，开展耗能企业系统节能、加大节能基础管理、推进工业废弃物综合利用和实施重点行业节能工程等，建设完善的生态工业体系。具体生态节能优先项目主要集中在以下几个行业，如表5-7所示。

表5-7　南川区重点行业节能项目汇总

重点行业	节能项目数/个	总投资/万元	节约能源/万t标准煤	减排二氧化碳/万t	减排二氧化硫/万t
电力行业	10	54	11	28.6	0.66
煤炭行业	7	11	5	13	0.3
铝业行业	4	13	6	15.6	0.36
化工行业	6	25	8	20.8	0.48
建材行业	8	5	3	7.8	0.18
其他行业	11	3	1	2.6	0.06
合计	46	111	34	88.4	2.04

（一）电力行业

对南川的电业公司引进循环流化床技术，实施锅炉的节能技术改造工程，实现了利用煤矸石、劣质煤发电的新突破。投资 54 亿元开展了 10 余个重点节能工程项目，可实现节约能源 11 万 t 标准煤，可减排二氧化碳 28.6 万 t 和二氧化硫 0.66 万 t。

（二）煤炭行业

加快南川宏能煤业有限责任公司新增 15 万 t 原煤改造、重庆市博赛矿业（集团）有限公司南平煤矿新增原煤 15 万 t 机斗斜井工程、南川兴盛实业有限责任公司新增 15 万 t 原煤改造、南川区水江煤矿有限责任公司大隆煤矿新增 9 万 t 原煤技改工程等项目建设。启动年产 30 万 t 焦炭配套年产 1.2 万 t 煤焦油项目等 7 个重点生态节能项目，投资 11 亿元，可节约能源 5 万 t 标准煤，可减排二氧化碳 13 万 t 和二氧化硫 0.3 万 t。

（三）铝行业

开展了 4 个重点节能工程项目，投资 13 亿元，节约能源 6 万 t 标准煤，减排二氧化碳 15.6 万 t 和二氧化硫 0.36 万 t。

（四）化工行业

1. 煤化工行业

以煤化工为核心，形成煤—气（焦）—化产业链，培育原煤、甲醇、乙烯、甲醚、醋酸等下游煤炭工业产业链或产品链。重点项目是推进双赢集团有限公司年产 10 万 t BB 复合肥，加快推进磷石膏和硫酸渣资源综合利用项目。

2. 合成氨及烧碱行业

推进宏原化工公司年产 2 万 t 离子膜法烧碱联产 2 万 t PVC 技术改造等 6 个重点生态节能工程项目，总投资 25 亿元，可节约能源 8 万 t 标准煤，可减排二氧化碳 20.8 万 t 和二氧化硫 0.48 万 t。

（五）建材行业

1. 水泥行业

根据南川工业发展固体废弃物排放量大的特点，生产水泥和机制砖等建材产品，以提高资源利用率。优先发展的是年产 100 万 t 新型干法旋窑水泥项目。

2. 玻璃制造行业

重点支持年产 100 万 t 浮法玻璃生产线项目。

在重庆市南川区工业节约能源专项规划期间，计划开展 8 个重点生态节能工程，总投资 5 亿元，可节约能源 3 万 t 标准煤，可减排二氧化碳 7.8 万 t 和二氧化硫 0.18 万 t。

（六）其他行业

1. 造纸行业

以南川丰富的竹笋资源为依托，培育竹子—制浆—造纸产业链，发展造纸业。优先实施的项目是年产 9 万 t 低污染竹子制浆造纸扩能技术改造工程项目。

2. 纺织行业

大力发展苎麻—纺纱—织布产业链。以苎麻、蚕茧加工为重点，发展麻类植物产业和茧丝绸产业。目前优先发展的是苎麻 3.5 万纺锭和 2000 台织布生产线项目。同时加快实施重庆纵横纺织有限公司新增 3 万纺锭和 4000 台喷气织机项目和重庆业成纺织有限公司新增 2 万纺锭项目，还有南川绿态丝厂 6000t 生丝生产线建设项目。

在重庆市南川区工业节约能源专项规划期间，要重点实施节能项目共计 11 个，投资 3 亿元，可节约能源 1 万 t 标准煤，可减排二氧化碳 2.6 万 t 和二氧化硫 0.06 万 t。

五、乌江流域三区县工业发展比较

（一）工业发展基础条件比较

1. 沿河

由于坡陡路窄等级低，路面不平质量差，晴通雨阻，通行能力严重不足，虽然在一定意义上是红色革命区，沿河工业经济在历史上就落后于相邻的其他地区。2007 年沿河规模以上工业总产值为 19 586 万元，2008 年、2009 年规模以上工业总产值分别增长 33.77%、24.9%。

2. 南川

南川工业经济相对起步较早，产业相对集聚，工业基础较为扎实，占全市的比重较大。工业方面的人才相对比较集中。已形成煤炭、铝工业、水泥、化肥、氯碱等主要产业，规模以上工业企业 62 家，其中博赛集团和双赢集团进入重庆“工业五十强企业”。2003 年和 2004 年连续两年被评为“重庆市工业进步区县（市）”。另外，农业基础条件相对良好，发展农产品加工业的条件成熟。笋竹、中药材、茶叶、蔬菜、畜禽、优质稻等工业加工产业初具规模。目前，南川正在成为各方有识之士投资、创业的“强力磁场”。落地项目在“十一五”期间形成 300 亿元以上的投资额度。充足的发展后劲，正在把南川的区位优势、资源优势、后发优势加速转化为产业优势、经济优势、竞争优势。

3. 武隆

武隆西部地区交通便利、矿产资源丰富，但是由于历史原因武隆工业发展基础差，长期以来，武隆是一个典型的山区农业县，没有发展工业的条件，重庆直辖之初，比较成规模的只有为数不多的几户亏损十分严重的国有企业。

（二）工业发展现状比较

1. 沿河

2010年沿河规模以上工业总产值再创新高，迈上4亿元台阶，达4.12334亿元，增长25.97%，保持了连续5年24%以上的增长。然而，2010年秀山、酉阳和彭水规模以上工业总产值分别为66.5亿元、48亿元和26.6亿元，差距巨大，与全国、全省平均值相比差距更大。工业发展现状：一是沿河工业产品较少，只有当地关乎国计民生的行业发展较快，支撑全县规模以上工业的基本发展。二是重工业增长速度快于轻工业。三是工业产销实现同步增长，衔接良好。四是主要产品产量稳定增长。

2. 南川

2010年，南川规模以上工业企业总产值完成128.52亿元；规模以上工业总产值增速32.5%；规模以上工业增加值增速27.2%。其发展现状：一是支柱行业、重点企业发展势头良好，支撑全市规模以上工业的快速发展。二是重工业增长速度同样快于轻工业。三是工业产销实现同步增长，衔接良好。四是主要产品产量稳定增长。

3. 武隆

2010年武隆实现工业总产值26.4亿元，同比增长77%；工业增加值13.3亿元，同比增长23.8%。以工业为主的第二产业增加值为26.7亿元，同比增长32%，在三次产业中增长最快。全县工业经济呈现出增长速度加快、效益提高、后劲增强的良好态势。发展现状：一是总量与质量稳步提升。二是工业经济后劲增强。三是工业园区建设实质性推进。四是对工业企业的扶持力度加大。“十一五”期间武隆工业建设部分重点项目如表5-8所示。

表5-8 “十一五”期间武隆工业建设部分重点项目列表

项目名称	主要建设内容
氧化铝二期生产线	年产氧化铝15万t
电解铝	年产电解铝10万t
还原铁项目	年产还原铁5万t
电解锌生产线	年产电解锌1万t
年产100万t干法水泥生产线	年产干法水泥100万t
重晶石超微粉生产与加工	生产2000目以上系列超微粉5万t

续表

项目名称	主要建设内容
晶丝苕粉加工	年产苕粉系列产品 1.35 万 t
豆腐干加工	年产豆腐干系列产品 1.5 万 t
肉制品加工	年产肉类系列产品 4 万 t
食醋	年产 1 万 t 食醋
山野菜加工	年加工山野菜 1 万 t
中药材加工	年产系列中药产品 1 万 t
生化制药加工	年产生化药 150t
林产品材加工	年加工 5 万 m^3
缫丝厂	年加工蚕茧 200t

(三) 工业发展优势和制约因素比较

1. 沿河

有利条件：一是矿藏资源富集和农副产品及其他可开发的植物资源丰富，开发潜力巨大。沿河境内有各种矿产 20 多种，已开发利用的有煤、铅锌矿和萤石等少数几种矿产。其中，铁矿储量 871 万 t、铜矿 20 万 t、汞矿 10.5 万 t、金矿石 600t、磷矿 1 万 t、黄铁矿 1 万 t 重晶石 70 万 t、石膏矿 11 万 t 等矿藏还有待开发，开发潜力和价值巨大。农副产品及其他可开发的植物资源丰富，为沿河农副产品加工业发展提供必要的资源条件。沿河有特色的农产品资源，如沿河山羊、黄牛、沙子空心李，苦丁茶、烤烟等经济农作物，完全可以发展农产品工业加工。二是良好的区位发展优势。沿河处于黔、渝、湘、鄂 4 省（直辖市）边区结合的乌江中下游，离铜仁机场 180km，距渝怀铁路重庆酉阳站 60km，326 国道在此出黔。乌江流经沿河 132km，县城东风码头是乌江在贵州境内最大的码头，水上交通便捷、快速，可直达重庆及江、浙、沪等地区。素有“黔东北门户，乌江要津”之称。

制约因素：一是基础设施薄弱。在交通方面，坡陡路窄等级低，路面不平质量差，晴通雨阻，通行能力严重不足。二是经济总量小、发展不平衡。三是地方财政拮据，在工业发展方面严重投资不足。全县每年财政收入与支出不成比例，相差达 2 亿元以上，完全靠上级财政补助。因此用于开发本地富集的矿藏资源的投入和工业发展严重不足。

2. 南川

有利条件：一是区位优势比较突出。南川有着“承北启南，左右传递”的区域要冲优势，是重庆辐射周边、向外交流的重要窗口，有着广阔的商品经济市场。二是交通优势明显。目前初步形成了以重庆主城为核心，分别经巴南、万盛、涪陵等地到重庆主城交织的公路交通环线。渝湘高速公路重庆界石到南川段的通车使南川城区真正地融入重庆“一小时经济圈”；南川经万盛连接渝黔铁路的铁路交通优势突出，区域性交通“瓶颈”将被彻底打破。三是境内可供工业发展利用的资源丰富。矿产资源富集且都有较好的开发价值。农副产品及其他可开发的植物资源丰富，为南川农副产品加工业发展提供必要的资源条件。能源资源开发利用的基础条件良好，为南川工业发展提供了基本电力保障，为工业结构调整奠定了基础。四是具有较好的工业发展基础。南川工业以资源为依托，目前已经初步形成了铝、煤炭、化工、电力、机械、建材、食品、轻纺、医药九大工业行业体系，工业已成为南川国民经济最重要的支柱。五是处于重庆与贵州经济协作发展的新的历史阶段。重庆在合作重点上从四川转向了贵州，而南川是渝南成长中的经济高地，与黔北地区联系紧密，是渝黔合作发展的战略重点之一。

制约因素：一是工业竞争力较弱。工业经济总量偏小，工业企业的市场竞争力和对区域经济发展的骨干支撑作用亟须进一步增强。工业产品的科技含量低。二是行业结构矛盾突出，产业基础比较薄弱。大多是资源型开发加工业，真正具有高附加值的产业几乎没有，粗放型增长特征表现较为明显，大多数行业都还不具备可持续发展的能力。三是产业结构不合理。工业产品多为资源型初级加工品，精深加工产品不多，工业品的附加值不高，缺乏名牌产品，产品之间形成完整产业链的不多。四是工业生产力发展不平衡。因为资源和交通的原因，南川的工业主要集中在中部地区，北部和东南部各乡镇到目前为止仍以发展传统农业为主，区域发展严重失调。五是资源供给不足对南川工业发展构成了一定的制约。南川水资源总量较低，供给呈现季节性变化，水资源分布严重不均。尽管南川煤炭资源较丰富，但开采难度较大，含硫量高，容易造成污染。天然气资源的开发利用和电力的利用受到国家宏观调控，对以天然气为原料和能源及以电力为能源的行业形成了一定的制约。

3. 武隆

有利条件：一是政策环境优势。三峡库区政策、扶贫开发优惠政策、“一圈两翼”政策和自身发展政策可以使武隆争取到更优惠、更特殊的政策，以及更多的资金来发展工业。二是基础条件优势。直辖以来，武隆基础设施建设发展很快，铁路、高速公路、出海通道等交通设施、水电，工业园区建设加快，为全县经济社会发展创造了良好的基础条件。三是资源禀赋优势。全县已探明矿产22个品种，其中，煤矿、大理石、重晶石、铝土矿等开发潜力大。水能、风能电站有较大发展前景。生态环境良好，森林覆盖率34.85%，天然草场174万亩，是全市烤烟基地、无公害蔬菜生产基地。丰富的资源为发展现代农业和现代工业提供了条件。

制约因素：一是基础条件和区位条件较差。二是经济总量低，财政实力弱。三是农业产业化还处在起步阶段，农产品加工属于初级产品加工，发展缓慢。四是科技含量低、带动力强的骨干企业少，新型工业化任重道远。

（四）工业发展重点比较

1. 沿河

沿河工业发展重点主要包括：①农产品加工。沙子空心李加工，年产量2000t，布局在沙子镇；牛羊肉加工厂，年加工500t，布局在县城；家禽屠宰及加工，年产1000t，布局在县城；果蔬保鲜加工厂，年产5000t，布局在县城；山野菜深加工，年产5000t，布局在县城；豆制品加工厂，年产500t，布局在县城；精米加工厂，年产1000t，布局在中界乡；薯类制品加工厂，年产10万t，布局在县城；食用植物油深加工厂，布局在县城；富晒茶加工厂，年产1000t，布局在谯家镇。②中药材加工。中药材加工厂，年产1500t，布局在县城内。③酒业。四松天麻保健酒厂，年产2500t，布局在官舟镇；荞酒厂，年产450t，布局在县城。④矿产加工业。铅锌矿产深加工，年产30万t，布局在官舟镇；钒深加工，年产20万t；萤石深加工，年产50万t。⑤建材工业。引进年产50万t水泥干法旋窑生产线，布局在洪滩镇；石材加工厂，年产1000万m^3，布局在沙子镇。⑥农资生产。复合肥料生产厂，年产3万t，布局在县城。⑦煤炭开采加工。30万t原煤生产厂1个，布局在谯家镇。

2. 南川

以渝湘高速公路、南涪铁路和303、903省道共同构成南川东西复合交通轴线，依托丰富的铝土矿和煤炭等资源，着力发展以南川工业园为重点的中部（市域）工业核心区，大力发展以水江和南平两个市级中心镇为重点的东、西部工业增长区，打造成南川工业发展的两翼，最终三大区域连片，形成南川的工业经济密集带。主要包括中部工业核心区、东部工业增长区、西部工业园区和北部农业产业化综合开发区。

3. 武隆

突出发展以水电为主的能源产业；重点发展以铝土矿为主的矿产资源加工业，建成全市铝工业基地；大力发展农副产品加工业，形成一批富有特色的农副产品加工基地；积极发展苎麻加工和缫丝加工，促进苎麻种植和桑蚕种养业的发展；积极发展中药材加工，壮大生化原料药生产；围绕旅游业，积极开发工艺美术旅游商品，发展旅游食品、特色食品、绿色食品、无公害食品和有机食品加工业，做大做强以豆腐干为主的豆类加工和以红苕粉（红薯粉）为主的薯类加工。

坚持依托资源加工，紧靠运输线，保护环境和旅游资源，按“一区一线一片”相对集中成片布局。“一区”，即：白马工业园区（含白马、长坝），主要发展氧化铝及上下游产品加工业；“一线”，即319国道沿线（含羊角、巷口、江口），主要发展清洁能源工业、绿色工业、旅游接待、商贸服务、物流配送、科技信息，有选择地发展污染少、劳动密集型的农副产品加工业；“一片”，即：鸭江—平桥—和顺片，主要发展轧钢、铁合金等重型工业和煤炭工业。

第三节　重庆武隆县——生态服务业示范区

一、武隆自然、社会和生态环境现状

（一）自然、社会现状

武隆地处重庆东南边缘，年平均气温17.9℃，全年降水多在1000mm以上，海拔160～2033m，属亚热带季风气候区，立体气候十分明显。全县总面积2901.3km^2，其中耕地706.6km^2，辖26个乡镇。2010年年末总人口为41万，其中农业人口35万余人。位于重庆主城经黔江民族地区到湖南的通道上，国道319公路贯通武隆。全县已探明矿产22个品种，其中煤矿、大理石、重晶石、铝土矿居多。植物主要有乔木、灌木147种，珍稀树种有银杉、水杉、珙桐等。野生动物有181种，属国家一、二、三级保护的珍稀禽兽有虎、云豹等。全县有大小河流50多条。武隆山奇水秀，是重庆唯一的世界自然遗产地。武隆是“千里乌江画廊”的第一县，境内喀斯特生态资源得天独厚，几乎囊括了世界上所有的喀斯特景观类型，被誉为世界喀斯特生态博物馆。有中国唯一被列入世界遗产名录的洞穴——芙蓉洞，世界规模最大的串珠式天生桥群，以及世界最高的喀斯特天生硚——天生三桥，中国西南地区罕见的水上喀斯特原始森林峡谷型景观——芙蓉江大峡谷，世界唯一的冲蚀型天坑——后坪天坑，以及“东方瑞士、南国牧原”——仙女山等50多处景区景点。“重庆武隆喀斯特”是全国第六个、重庆唯一的世界自然遗产，整个武隆被命名为中国优秀旅游城区、国家岩溶地质公园和中国户外运动基地。

2010年，武隆实现地区生产总值72.42亿元，增长17.3%；固定资产投资完成90.42亿元，增长14.8%；完成地方财政收入7.1亿元，增长45.3%；实

现社会消费品零售总额22.42亿元，增长20%；城镇居民人均可支配收入15 553元、农村居民人均纯收入4604元，分别增长11.7%和19.2%；接待游客1018万人次，实现旅游收入50亿元。

（二）生态环境评价

1. 总体评价

土地资源承载力降低，耕地负荷越来越重，从现状土地利用结构来看，全县大多数土地利用中缺乏生态经济统一的观点和理念，没有考虑土地的适宜性，单纯追求某种经济指标，造成了农业生态环境的恶化和自然生产力的降低，农、林、牧、副等各业之间极不协调，内部矛盾突出，存在大量在坡耕地耕作的现象。全县森林面积151.3万亩，森林砍伐严重。空气综合污染指数达1.08%。全县电力消费32 605万kW·h，规模以上工业煤消耗16.04万t，水资源消耗536.06万m^3。二氧化硫排放量逐年增多，2009年COD的削减量为零。武隆的生态资源环境的问题还是很多。

2. 生态足迹分析

2007年、2010年武隆人均生态承载力和人均生态足迹平衡表如表5-9所示。

表5-9　2007年、2010年武隆生态承载力和生态足迹平衡表　（单位：hm^2）

土地类型	人均生态承载力		人均生态足迹		人均生态赤字	
	2007年	2010年	2007年	2010年	2007年	2010年
耕地	0.581 281	0.563 962	0.420 978	0.502 391	−0.160 303	−0.061 571
林地	0.424 724	0.554 389	0.055 999	0.071 096	−0.368 725	−0.483 293
牧草地	0.037 187	0.048 421	0.891 531	0.860 921	0.854 344	0.812 500
水域	0.005 264	0.005 921	0.034 548	0.051 102	0.029 284	0.045 181
建设用地	0.039 127	0.041 093	0.002 250	0.005 219	−0.036 877	−0.035 874
化石燃料用地	0	0.002 987	0.186 716	0.003 143	0.186 716	0.000 156
小计	1.087 583	1.216 773	1.592 026	1.493 872	0.504 443	0.277 099
扣除生物多样性保护（12%）	0.130 511	0.146 013	—	—	—	—
合计	0.957 073	1.070 760	1.592 026	1.493 872	0.634 953	0.423 112

注：负号表示该项为生态盈余

在生态足迹方面，从表5-9可以看出，不管是2007年还是2010年，重庆武隆的生态足迹排前两位的均是牧草地、耕地。说明武隆现有的生产还没有充分利用自然生态资源，发展上过度依赖牧草地和耕地。在生态承载力方面，2007年，武隆耕地人均生态承载力为0.581 281hm^2，占人均生态承载力的53.45%；林地人均生态承载力为0.424 724hm^2，占生态承载力的39.05%，二者总共占到人均生态承载力为92.5%；而草地、建筑用地、水域和化石能源用地四者总的人均生态承载力仅占到7.5%。这一比例与2010年情况相近，表明武隆生态承载力目前主要土地类型是耕地和林地，供给模式单一且过分依赖农业和畜牧业。也表明耕地和林地生态承载力在武隆的生态经济中占有很大的比重。这与重庆是农业大省分不开的，重庆山多，林地自然多，林地生态的承载力也大。

由表5-9可以看出，2007年牧草地的人均生态足迹为0.891 531hm^2，人均生态承载力仅为0.037 187hm^2，2010年尽管有所缓解，但是依然相差较大，说明武隆所消耗的家禽肉类食品主要通过耕地生产的粮食来饲养。此外，武隆2007年人均生态足迹为1.592 026hm^2，人均生态承载力为1.087 583hm^2，减去12%的生物多样性保护面积，最终可供给的人均生态承载力0.957 073hm^2，人均生态赤字为人均生态足迹减去人均生态承载力及12%生物多样性保护面积，最终结果为−0.634 953hm^2。2010年人均生态赤字为0.423 112hm^2，尽管比2007年有所改善，但是依然没有真正改变生态赤字的状况，由此表明人类对自然生态系统所提供的产品和服务的需求超过了其供给，武隆的发展模式处于不可持续发展状态，必须加以调整和改善。

耕地、林地和建筑用地的人均生态足迹小于人均生态承载力，表现为生态盈余。原因是武隆现有的耕地、林地面积还有没有被充分利用，而且随着现有的耕地、林地的农产品产量的增加，能够承受本县人民的生态需求。牧草地、水域、化石燃料用地均为生态赤字，而且牧草地使用过多，赤字很严重，造成武隆总体生态赤字。这种生态赤字的产生主要是由武隆的自然条件和不合理的产业结构及人类活动导致的。其中，牧草地存在生态赤字，原因是牧草地使用过多，还有就是人口数量的增多，对猪肉、牛肉、蛋类的需求增多。水域的生态赤字是水生物养殖少，而捕捞过度造成的。化石燃料土地存在生态赤字，原因是随着经济的发展，工业项目增多，第二产业占主导地位。2003～2010年，武隆第一、第二、第三产业，年均增长速度分别为41.69%、141.85%、76.10%。第二产业的增长迅速，对化石能源生态足迹需求量增大，而且开采存在不合理状况，2007年供给为0，2010年也仅为0.002 987。

2007年和2010年武隆生态承载力对比情况和人均生态足迹对比情况如图5-9和图5-10所示。武隆总体是存在生态赤字的，尽管自2007年以来，个别年份有逐渐缓解的趋势，但生态赤字总体上呈现上升的趋势（图5-11），因此还可以通过调整生态产业，使其恢复生态平衡。

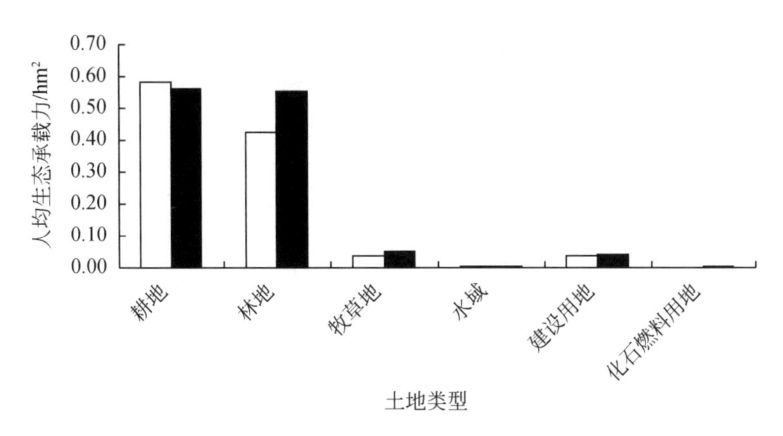

图 5-9　武隆 2007 年与 2010 年生态承载力对比图

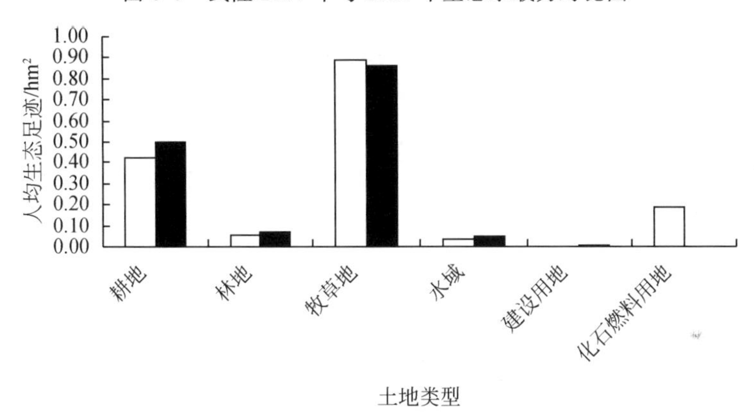

图 5-10　武隆 2007 年与 2010 年人均生态足迹对比图

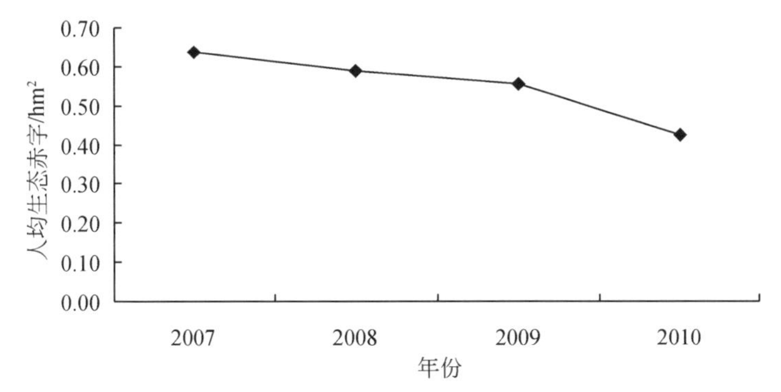

图 5-11　武隆 2007～2010 年人均生态赤字变化趋势图

（三）武隆的可持续发展政策

1. 延长农作物产业链，充分利用林地、耕地

目前林地、耕地存在生态盈余，可以在继续加大对林地、耕地的开发利用，采用农业先进技术提高农业产量的同时，加工农产品，延长其生产产业链。发展桑树、无公害蔬菜、中药材、烤烟等传统骨干产业，改造提升林业、蚕桑、苎麻等传统产业。利用原产品加工生产材料新鲜，而且纯天然的优势，开发当地特色产品并形成产业，如猕猴桃、胭脂萝卜。猕猴桃可以生产猕猴桃类的加工食品，如猕猴桃干、猕猴桃果汁；对胭脂萝卜深加工、精加工，可使之成为继羊角豆腐干之后的又一武隆特色。加强对武隆的旅游宣传的同时，宣传武隆的农产品，加快其销售。这样既给当地带来了经济效益，又充分利用生态盈余；既在绿色生产下，不会带给环境污染，又使生态效益得到充分的体现。

2. 推广资源利用型生活生产方式

武隆工业增长，化石燃料用地生态需求增大，要满足增长的需求的同时，实现经济、社会可持续发展，必须继续调整农业生产结构，强化新技术、新产品的推广与利用，大力发展电力、太阳能、沼气等清洁能源，调整能源结构。这样既能减少 CO_2 排放量，直接减少能源消费带来的生态赤字，又能提高生态环境质量。

3. 大力引进高科技人才，充分利用“人才效应”

大力引进高科技人才，充分利用“人才效应”，发挥人力资源优势，确保生产产品的加工无污染，生产的废弃物充分利用，生产成本节约。在保住本县的旅游优势的同时，提高本县的科技竞争力，形成用人才促科技，用科技促建设，用建设保旅游的生态循环发展模式。

4. 建立乌江生态保护区

乌江流域不但是武隆主要的粮经作物区，也是武隆发展旅游的基础天然条件之一。建立乌江生态林保护区，严格控制乌江流域污染企业的建设，完善流域污水处理和垃圾处理设施，通过生态退耕还林、植树造林、封山育林、坡耕地改造等措施，治理水土流失，使农田生态环境得到有效保护。对渝怀铁路建设地段应实施生态复建工程，严格保护境内的珍贵野生动植物资源，维护“乌江画廊”的生态环境和独特的风景资源。

5. 发展生态旅游服务业，走生态富裕之路

加大对县城商业、金融业、保险业服务设施建设，为生态旅游业发展提供保障。要依托重庆大市场，发挥与贵州接壤的区位优势，加强边贸往来，把武

隆县城建设成为县域的旅游、商贸服务基地，并辐射、带动全县的商贸发展。依托现有生态环境，生产生态土特产品及建设旅游产品批发市场，构建绿色产业体系，走上一条“生态家园，生态发展，生态富裕”之路。

二、武隆产业发展特点

（一）农业产业化水平不断提高

一是培育市场主体。实现 1 家以上国家级农业龙头企业入驻，新培育和引进市级以上农业龙头企业 3 家，县级农业龙头企业 10 家。培育市级规范专业合作社 3 个以上，新发展专业合作社 30 家以上。二是实施品牌战略。实施绿色农产品认证整县推进计划，农产品“三品一标”认证保持全市领先水平。举办乡村旅游节、高山蔬菜节、西瓜节、油菜花节等节会，扩大武隆绿色农业品牌影响力。三是优化产业布局。重点打造高山蔬菜、草食牲畜、道地中药材、休闲农业和乡村旅游四大优势产业，着力培育胭脂萝卜、生态笋竹、有机茶叶、特色林果四大特色产业，巩固提升烤烟、生猪、蚕桑等传统产业。四是建设示范园区。全力申报全国休闲农业和乡村旅游示范县、市级现代农业综合示范工程区。强力推进“三园两带”，即高山蔬菜产业园、现代烟草产业园、观光园艺产业园及旅游农家乐产业带和农副产品加工产业带建设①。

（二）旅游业保持强劲的持续发展

2011 年，武隆共接待游客 1329 万人次，旅游收入达到 65.72 亿元。武隆景区周边有百余农家乐，全县旅游从业人员 4.1 万人②。目前，武隆整个县的游客日接待量是 17 000 人左右，但旺季仍是供不应求。武隆旅游注重打好“三张牌”：遗产、体育、文化，力争在下一步发展中创建成为国际旅游名地、全国生态强县。通过近年来的发展，旅游业对全县经济的贡献增强，不断拉动相关产业大发展。一是旅游地产业。仙女山新区依托旅游资源，从贫困小山村迅速发展为一个 9.5km^2 的、以高端别墅群为主的新城，拉动 60 亿元的房地产投资。二是现代服务业。目前，全县在建、建成四星级以上酒店 30 家，投入运营 12 家，建成仙女山体育场、国际赛马场和高山高尔夫球场。三是城乡旅游商贸业。全县农家乐达到 775 家，涉旅农户 1.2 万余户，县城打造了四条专业特色街，商贸流通业营业面积达到 74 万 m^2，五年翻了两番。四是特色产业。依托旅游实现

① 参见重庆市政府公众信息网，武隆县多举措提升农业产业化水平，http：//www.cqagri.gov.cn/detail.asp? pubID=536019，2012 年 6 月 11 日

② 参见重庆晨报，去年武隆旅游收入达 65 亿，万户从事旅游业，http：//www.cqcb.com/cbnews/cqnews/2012-06-14/1054753.html，2012 年 6 月 14 日

品牌转化，累计培育和引进龙头企业24个，以仙女山高山绿色蔬菜为主的各类农产品认证品牌56个，农业品牌建设在全市领先①。

（三）商贸服务业呈现新气象

旅游富民、招商引资、支持民营经济发展、加快商圈建设是武隆县商贸领域近年来着力发展的中心工作。2012上半年，武隆商贸体系建设顺利推进。白马镇、江口镇、仙女山镇、平桥镇等乡镇迅速推进商贸“五个一”建设。全县新发展特色农家乐8家，累计达到195家；新增避暑休闲农家乐265家，累计845家；新增旅游产品20个、旅游产品销售经营店25家；全县25个乡镇已建成19个农贸市场，今年有望全覆盖；“万村千乡市场工程”信息化任务数为270台，已安装164台，居全市第12位；“两翼”农产品批发市场建设工程已全面完成，并投入使用。新增商业设施面积3万m^2，累计达80多万$m^2$②。

三、重庆武隆生态服务业优先项目及重点工程布局

（一）建立乌江生态保护区

乌江流域不但是武隆主要的粮经作物区，也是武隆发展旅游的基础天然条件之一。建立乌江生态林保护区，严格控制乌江流域污染企业的建设，完善流域污水处理和垃圾处理设施，通过生态退耕还林、植树造林、封山育林、坡耕地改造等措施，治理水土流失，使农田生态环境得到有效保护。对渝怀铁路建设地段应实施生态复建工程，严格保护境内的珍贵野生动植物资源，维护“乌江画廊”的生态环境和独特的风景资源。

（二）提升景区质量与等级，打造世界知名旅游品牌

可以借武隆旅游景区升5A的有利契机，加大力度打造精品景区。启动世界自然遗产展示中心、世界自然遗产标识系统和游客接待中心建设。抓好世界自然遗产核心区和缓冲区的生态移民、退耕还林还草工程。

（三）完善生态城市功能，加快形成商业金融服务机构体系

加快商贸流通市场的培育和发展，构筑以县城为中心的大市场、大流通、大贸易的市场流通体系。以市场机制为基础，建立城乡布局合理、购销储运设施完善、区域性批发市场和专业市场相结合、多种经济成分并存的流通网络。

---

① 参见重庆市政府公众信息网，武隆县旅游业拉动相关产业大发展，http：//www.cq.gov.cn/zwgk/zfxx/415435.htm，2012年07月17日

② 参见重庆日报，武隆：商贸腾飞助“三城”崛起，http：//news.163.com/12/0815/15/88V6V2DR00014AED.html，2012年8月15日

加快发展农村集贸市场，结合小城镇和移民集镇建设，配套发展新的商业网点。在干线公路和乌江沿线建设形成一批农副产品批发交易市场。加强市场的规划和管理。县城商业、金融业、保险业服务设施的设置要体现出生态旅游城市的功能，依托重庆大市场，发挥与贵州接壤的区位优势，加强边贸往来，把武隆县城建设成为县域的旅游、商贸服务基地，并辐射、带动全县的商贸发展。重点旅游城镇应配套土特产品及旅游产品批发市场。

四、乌江流域三区县旅游业发展比较

(一) 旅游资源比较

沿河特定的地理位置、自然环境和历史文化形成了丰富多彩的旅游资源，以国家级风景名胜区乌江山峡、国家级麻阳河黑叶猴自然保护区为主体的自然风光，旖旎迷人；以土家族为主体的民风民俗，浓郁古朴；以黔东特区革命委员会旧址等为主体的红色文化，独具魅力。乌江流经沿河，从南至北由夹石峡、黎芝峡、银童峡、土坨峡和王坨峡 5 个峡段 30 多个主要景点组成，有 76 群 730 多只黑叶猴，占全球黑叶猴总量的 1/3，属国家级自然保护区，2004 年加入“中国人与生物圈保护区”网络。沿河文物古迹有唐永佛寺、宋鸾塘书院、明天缘寺、西汉陶窑、汉砖、汉砖窑、汉墓群和清代乌江洪峰石刻等。近年来，引起考古学界关注的有新景乡乌江西岸的“蛮王洞”。沿河是革命老区，1934 年贺龙、任弼时、关向应等老一辈无产阶级革命家，率领中国工农红军开创了云贵高原第一块红色革命根据地。沿河是全国 4 个单一土家族自治县之一，长期以来，少数民族与汉民族和睦相处，至今仍保留着土家民歌、摆手舞、肉莲花、打镏子、薅草锣鼓、傩堂戏、花灯戏等独具特色的民风民俗和民间艺术，其中肉莲花曾三次获得全国金奖。丰富多彩的旅游资源和独特的区位优势，使沿河旅游业开发前景十分广阔。

南川有金佛山国家重点风景名胜区。金佛山风景区位于南川市境内，系大娄山东段支脉的突异山峰。由金佛、柏枝、菁坝三山组成。景区山峰层峦叠嶂，群峰耸峙，最高峰海拔 2251m。省级森林公园——楠竹山，位于南川的东北面，公园距离南川城区 20km，规划总面积为 866.67ha，其中旅游核心地段为 2456 亩。

武隆是著名的旅游胜地，有丰富的旅游资源，被评为重庆十佳旅游区和中国优秀旅游城市。武隆森林覆盖率 47%，天然草场 174 万亩，自然景观主要有：“地下艺术宫殿、洞穴科学博物馆”——芙蓉洞，“南国第一牧场”——仙女山，亚洲最大的天生桥群——天生三桥，“生物基因库”——白马山和芙蓉江库区、千里乌江画廊、龙水峡地缝、黄柏渡漂流等自然景观，被称为中国西部地质之乡。目前，已开发建成芙蓉江国家重点风景名胜区、仙女山国家森林公园景区、天生三桥景区三大景区。其中，芙蓉洞、天生三桥景区被评为4A级风景区；天生三桥与芙蓉洞、芙蓉江组成武隆岩溶国家地质公园，总面积为454.7km^2，属全国罕见的大型岩溶地质公园；天坑群已作为“中国南方喀斯特”之一被联合国教科文组织列入世界自然遗产名录。武隆南方喀斯特已被列入世界遗产名录，成为中国第6处，重庆唯一的世界自然遗产。人文景观主要有唐代齐国公长孙无忌墓（衣冠冢）、李进士故里大型摩崖石刻、西汉时代的汉墓群、贺龙将军戍守屯兵的遗址、经国亭等。

（二）旅游业发展状况比较

1. 沿河

旅游业发展步伐加快，加强了《沿河土家族自治县旅游产业发展规划》后续编制各项工作，启动了乡村旅游规划和乡村旅游试点。景区建设取得实质性进展，投资780万元，切实改善了景区内基础设施建设，进一步提高了景区通达能力和接待水平。成功举办了第四届乌江山峡文化旅游节等活动，提升了旅游知名度。

2. 南川

2010年接待游客220.4万人次，是2005年的5倍，年均增长39%；实现旅游综合收入11亿元，是2005年的11倍，年均增长45%，发展质量和速度创南川旅游发展最好水平。累计投入32亿元开发金佛山、黎香湖、神龙峡、永隆山等景区，金佛山景区成功创建国家4A级景区，神龙峡、永隆山创成国家3A级旅游景区，结束了没有A级景区的历史。成功举办了首届金佛山国际旅游文化节、金佛山冰雪节、金佛山杜鹃花会等节会活动，有效营销了南川旅游，提升了南川的知名度和美誉度。渝湘高速界水段通车，金佛山西坡、北坡、山王坪旅游公路升级改造，西坡索道投用，景区景点可进入性明显提高。建成1家四星级酒店，8家三星级酒店，餐饮、住宿、购物、娱乐等休闲度假产业加快培育发展。

3. 武隆

以1994年5月1日芙蓉洞正式对外开放为标志，武隆旅游经历了十几年的发展历程。十几年来，“全民兴旅”推动旅游发展，旅游业从无到有、由小到大，逐步发展成为县域经济的一大特色支柱产业，接待游客人次和国内旅游收入每年均保持30%左右的增长幅度。武隆以“旅游富民”战略为统领，以“做大游客总量、做强旅游经济”为主线，围绕三大旅游平台建设，深入开展旅游“二次创业”，全力打造国际旅游目的地。旅游品牌打造取得历史性突破，“武隆喀斯特”成功列入世界遗产名录，成为重庆唯一的世界自然遗产。旅游体制改革取得重大突破，县政府组建了武隆喀斯特旅游投资有限公司，景区经营管理顺利实现“四权合一”。旅游宣传营销取得重大突破，成立了武隆旅游营销中心，组建了16个旅游营销集团分赴全国客源市场，实现旅游包机、包船、专列零的突破。精品景区打造取得重大突破。成功申评芙蓉江国家级风景名胜区、武隆岩溶国家地质公园、仙女山国家4A级景区，芙蓉湖、后坪天坑、白马山等景区开发有序推进，5A级景区创建工作进入最后阶段。武隆仙女山国际亚高山训练基地、“印象·武隆”、全国青少年户外运动营地、国际温泉度假村、仙女山公园室内滑雪场等一批旅游重大项目稳步推进，旅游基础设施建设五年累计投入资金35亿元左右。旅游服务质量和服务水平大幅提升。

（三）三区县旅游业发展优势比较

1. 沿河

（1）峡谷景观具有资源多元性特征。乌江长达1050km，其中1/10江段在沿河境内。沿河乌江具有乌江典型的峡谷地貌景观，长93km的5个峡谷呈现不同的沿岸景观。与其他峡谷景观相比，乌江沿河段的山峡规模大、景观美学价值高、原生态完整。更重要的是，乌江沿河段是古代和近代贵州的主要贸易通道，沿河两岸留下一定体量的水运商贸历史遗迹，同时，该河段两岸是土家族居民世代繁衍生息之地。水运商贸和土家族文化与山峡地貌一起构成具有资源多元化特征的山峡大景区。

（2）乌江水运商贸文化独特。沿河乌江在历史上曾为贵州的商贸发达地区和主要贸易通道，从而形成乌江流域稀有的商贸文化。某些地方是集散贸易中心，是清末和民国时期乌江贸易中心城镇之一。现在由于地方采取了一定的文物保护措施，这一文化仍可以作为现代旅游的重要资源。

（3）原生态保存相对完整。沿河处于贵州东北部的边缘地带，可进入性差。这使得该县的原生态保存相对完整。

（4）明显的民族文化特色。沿河是全国4个单一土家族自治县之一，该县的土家族特色突出表现在建筑、服饰和民俗活动三个方面，而且沿河的一些村镇的土家族吊脚楼融合了徽派的建筑风格，在结构上与其他地区的土家族建筑有所差别。

（5）旅游资源品位高。沿河的三个核心景区分别为国家自然保护区、省级风景名胜区和国家地质公园，因此有较高的景观价值。

2. 南川

（1）种类丰、数量多。资源种类繁多、数量丰富，以自然资源为主。金佛山景区内旅游资源涵盖8大主类，35个亚类，92个基本类型。

(2) 层次较高，五大体系俱全，包括风景名胜区：金佛山国家级风景名胜区（首批国家自然遗产）；旅游景区：楠竹山、山王坪石林（包括灰砑河）、黎香湖、神龙峡、鱼跳峡、合溪盲谷；森林公园：金佛山国家森林公园、楠竹山森林公园；自然保护区：金佛山国家级自然保护区；文物保护单位：龙岩城、太平场镇东汉岩墓群。

(3) 资源集中分布。南川旅游资源分布以南部金佛山区为主，以南川城区和北部人工生态旅游区为辅。金佛山景区范围广泛，但资源相对集中，主要沿着南北走向的景区公路呈放射状分布。

(4) 开发潜力大。南川旅游资源特别是金佛山旅游资源具有较高的生态美感价值和科考价值，可观赏性和吸引力强；自然环境感应氛围强烈，体验性内容丰富；地貌地势多样，有利于开展各种活动。这些都为开展丰富多样的生态旅游活动提供了条件。

(5) 特色鲜明。在重庆旅游资源格局中金佛山特色鲜明，主要体现在：①金佛山保存着典型的中亚热带森林生态系统，在重庆具有独特性，属于渝南生态旅游资源区，是重庆发展生态旅游的重要基地。②生物多样性，资源垄断性强。金佛山区是一个植物王国，集云贵高原系、长江中上系、川藏高原系、巴山秦岭系植物于一山，数量繁多（植物5655种、动物1762种、菌类584种），品种珍稀。有国家一级保护植物银杉、珙桐、红豆杉等10种；国家二级保护植物52种。③金佛山有五绝：银杉、方竹、古银杏、杜鹃王树、大树茶。④典型的喀斯特地形地貌、地质构造、高山古洞穴系统和生物生态系统特殊。⑤有特色鲜明的消夏避暑、金山冰雪、金山云雾等气象景观。

(6) 整合潜力大。旅游资源在区内、区际表现出较强的互补性，有较大的资源整合潜力。南川旅游资源南北类型不同，北部以人工生态旅游为主，南部以自然生态旅游为主，自然资源与人文资源互补，易于形成充满新奇感的旅游线路，从而便于南部旅游带动北部旅游，实现南川区域内部旅游整体发展。同时，南川融入重庆“一小时经济圈”后，金佛山与周边四面山、万盛石林、贵州赤水、武隆芙蓉洞和乌江、三峡旅游资源地域差异明显，具有较强的互补性，容易整合形成跨区生态旅游线路。

3. 武隆

(1) 区位优势明显。隶属重庆，与贵州、湖北、湖南近邻，同时属于长江三峡乌江段的组成部分。区位优势可以进一步转变成客源市场优势。与三峡旅游、贵州梵净山、湖南张家界的紧密联系，更增加了武隆旅游区域联动的可行性。

(2) 后发优势突出。首先，开发较晚，生态环境保护良好。其次，体制成本可以减少。今后可以进一步总结各地旅游发展模式和本地旅游发展体验，争取旅游管理体制一步到位。

(3) 经济发展势头良好。经济发展稳定，经济结构调整取得进展，第三产业逐渐成为经济发展的重要动力。全县第一、第二、第三产业比重由“十一五”初期的23.1∶42.7∶34.2调整到末期的19.9∶39.9∶40.2。

(4) 交通条件显著改善。近年来，武隆的公路运输条件得到显著改善，铁路运输近期将实现零的突破，一批在建高速公路和规划建设项目将进一步改善武隆的交通条件，为发展区域旅游确立基础。

(5) 人文环境良好。武隆悠久的历史文化和当地纯朴好客的民风在发展旅游时具有特殊的市场吸引力；良好的社会秩序和文明风尚，文明、友善、热情、好客，成为居民的优良传统，这些都是吸引游客、发展旅游业的优越人文社会环境。随着党委、政府把发展旅游置于更加突出的地位，随着一批通过发展旅游脱贫致富典型的涌现和周边地区旅游发展效应的影响，武隆全社会的旅游意识明显增强，居民参与旅游、投资旅游、服务于旅游渐成气候，这是武隆塑造旅游目的地形象的有力保障，是武隆发展旅游最为宝贵的财富。

(6) 旅游主体产品目标比较明确。近年来，通过芙蓉洞、仙女山、天生三桥等旅游重点项目建设，进一步突出了武隆旅游的主打品牌和近期产品建设重点，初步形成了武隆旅游产品品牌。

(7) 过境旅游具有特别发展空间。武隆周边已经具有一批比较成熟的旅游景点，因此，武隆未来的旅游发展态势是依靠自身的主导产品形成目的地旅游，作为城市功能发挥的一个重要方面。随着城区一批与旅游发展密切相关的火车站、码头等城市基础设施的建设和完善，城市功能进一步优化，武隆利用其良好的区位优势，将成为重要的游客集散中心之一，武隆将充分发挥出过境的功能，从城区向周边的旅游地形成辐射。

(8) 区域联合的潜力巨大。武隆与周边地区发展区域旅游具有良好的合作条件，将有更大的作为。武隆的旅游业因此也具有更多的增长点，成为武隆旅游扩张的潜力所在。

第四节　乌江流域渝东南区域生态产业构建

渝东南地区紧邻黔北、湘西和鄂西，地处武陵山区腹地，是重庆“一圈两翼”发展新格局中特殊而重要的一翼，同时也是重庆的重要生态敏感区。对渝东南地区的生态环境现状和产业发展现状进行分析，可为该地区生态产业的构建奠定基础。

一、渝东南自然、社会和生态环境现状

（一）区位概况

渝东南地区地处武陵山区腹地，紧邻黔北、湘西和鄂西，是渝、鄂、湘、黔四省结合部，地处重庆、武汉、长沙、贵阳四大城市辐射圈交汇地带。渝东南共包括一区五县，分别是黔江区、秀山县、石柱县、彭水县、酉阳县、武隆县，辖区面积1.98万km^2，占全市总面积的24%；2008年常住人口282.35万人，占全市常住人口总数的9.9%，是重庆唯一集中连片的少数民族聚集地，是重庆“一圈两翼”中的有机组成部分，在全市区域经济发展格局中占有重要地位。

（二）生态环境

渝东南地区生态承载力较差。该地区属于乌江流域和武陵山区，一方面自身环境条件脆弱，山地多，平地少，区域内地形地质条件复杂，是典型的喀斯特地貌，石漠化现象突出，水土流失严重，降水时空分布不均，自然灾害频繁，用地条件差，土壤保水保肥能力低，适宜城镇建设的用地相对不足，人地矛盾突出，经济社会发展面临严重的环境制约。另一方面由于经济发展长期靠资源开发等粗放型经济作为原始积累，粗放型经济对环境有极大的破坏作用。一是矿山植被破坏，水土流失，田土变荒；二是加工企业废水、废渣、废气的排放和运输，对周围河流、田地庄稼、房屋、公路等造成污染，引起群众强烈不满，而且还引发饮水困难，得不到污染赔偿等社会问题。长期以来，区域对外交通的不便使本区域建立起低经济水平和良好的生态环境之间的平衡。区域性交通条件的改善打破了这样的平衡，为生态环境、资源和民族文化特色的优势转化为社会经济发展动力提供了条件，但也使自然环境受到破坏的可能性增大。

（三）资源状况

渝东南地区自然资源、物产比较丰富，许多产品产量居全国首位，其利用价值和开发价值较高，有着广阔的发展前景。

(1) 矿产资源丰富。矿产资源品种较多、分布广、储量大、品位高。区内总计有矿产地11处、矿种10个、矿（化）点14处。现已探明储量的矿种有主要有铜、铁、硫、煤、磷、铝、锌、汞、石膏、高岭土、冰解石、萤石、重晶石、明矾、石灰石、石英石、矿岩等矿藏。这里是重庆最重要的电矿产业基地。重庆重点勘探的八大成矿带中有两条就在渝东南少数民族地区，这些矿产资源

为本地区特色主导产业的发展提供了坚实的基础。秀山平均品位高达25%的锰矿，与湖南花垣、贵州松桃被齐称为中国锰矿的“金山角”；酉阳的汞矿蕴藏量极其丰富，被誉为全国“五朵金花”之一，极具开发潜力。

(2) 水能资源相对富集。渝东南地区可开发水力蕴藏量达340万kW，占全市的40%。重庆70%以上的水电资源分布在渝东南。该地区河流众多，大小溪流密布全境，水流落差大，水能蕴藏量丰富，开发潜力巨大。有多个梯级水电站。

(3) 旅游资源丰富。作为少数民族聚居区，渝东南地区不仅拥有丰富的自然景观资源，而且拥有众多的人文景观和民族文化遗产。民族风情、人文历史、古镇民俗等旅游资源十分富集。拥有世界自然遗产的武隆仙女山、天生三桥，赵世炎烈士故居、全国历史文化名镇龙潭古镇和西沱古镇，地球上同纬度地区森林面积最大、生态植被保存最完好的原始森林，国内保存最完整的古地震遗址湖泊小南海，重庆“四大精品”之一的“乌江画廊”，陶渊明笔下“世外桃源”原型桃花源，渝东南民族地区深厚的文化底蕴和鲜明的个性特色，为培育生态旅游业创造了先决条件。

(四) 生态功能区分析

生态功能分区是依据区域生态环境敏感性、生态服务功能重要性，以及生态环境特征的相似性和差异性而进行的地理空间分区。渝东南地区属于渝东南、湘西及黔鄂山地常绿阔叶林生态区，分为两大生态功能区：渝东南地区为方斗山—七曜山水源涵养—生物多样性生态功能区和渝东南岩溶石山林草生态功能区，其中石柱—武隆生物多样性生态功能区属于方斗山—七曜山水源涵养—生物多样性生态功能区，渝东南岩溶石山林草生态功能区包括黔江—彭水石漠化敏感区和酉阳—秀山水源涵养生态功能区。

石柱—武隆生物多样性生态功能区主要生态环境问题为坡耕地比重大，降雨量大且集中，水土流失严重，植被退化明显，生物多样性减少，土地石漠化严重，地质灾害频繁。方斗山、七曜山等条状山脉，是区域生态系统廊道，应重点保护；区内自然保护区、自然文化遗产地、风景名胜区等区域的核心区应该严格保护。

黔江—彭水石漠化敏感区主要生态环境问题为土地石漠化严重，水土流失严重，森林覆盖率低，生物多样性减少。主导生态功能为石漠化预防，辅助功能为水土保持、水文调蓄与地质灾害防治。区内小南海、阿蓬江、郁江等河流、湖泊、湿地及岩溶林草山区是本区重点保护地区。

酉阳—秀山水源涵养生态功能区主要生态环境问题包括土地和环境承载能力有限，水土流失严重，森林覆盖率低，生物多样性减少，草场退化明显，土地石漠化严重，自然灾害频繁，季节性干旱、洪涝灾害严重。阿蓬江、龚滩古镇、酉阳乌江百里画廊等原生态自然山水应重点保护。

二、产业发展情况

（一）经济发展总体情况

目前，渝东南民族地区“一区五县”2010年经济总量为4 378 121万元，相当于重庆地区生产总值的5.61%，仍处于全市发展的较低水平，其中农业产值为729 409万元，第二产业产值为1 948 260万元，第三产业产值为1 700 452万元。六区县中黔江区各项指标均靠前，其他区县更为落后。2010年渝东南地区产值情况如表5-10所示。

表5-10　2010年渝东南地区产值情况

区县	人口/万人	地区生产总值/万元	第一产业生产总值/万元	第二产业生产总值/万元	第三产业生产总值/万元	人均生产总值/元
黔江区	44.50	1 001 270	106 617	535 580	359 073	22 500
武隆县	35.10	724 155	107 328	266 951	349 876	20 631
石柱县	41.51	648 118	133 065	263 532	251 521	15 614
秀山县	50.16	759 080	111 129	389 837	258 114	15 133
酉阳县	57.81	581 616	139 365	227 479	214 772	10 061
彭水县	54.51	663 882	131 905	264 881	267 096	12 179
渝东南	283.59	4 378 121	729 409	1 948 260	1 700 452	15 438

资料来源：《重庆统计年鉴》(2011)

由于历史的、文化的、自然的多种因素，渝东南民族地区相对贫穷落后，没有规模化的工业发展，以农业生产为主，经济总量、产业发展水平在重庆范围内都相对滞后，是全国18个贫困连片区之一，是新一轮国家扶贫开发工作重点。另外，渝东南地区城镇分布也较为零散，城镇体系尚未完全形成。各城市（镇）缺乏有机互动，处于单“点”发展的阶段，各城市（镇）规模小、功能不健全，仅黔江、武隆等城市略具雏形。但黔江作为区域中心城市其功能还并不完善，集聚与辐射带动能力不强。总体上说，渝东南民族地区经济总量小，产业发展处于较低层次，是重庆最为落后的区域。

（二）产业发展现状

从1998年以来，渝东南地区第一产业比重不断下降，第二产业比重较快上升，第三产业稳定发展。2001年渝东南地区产业比例首次从“一三二”变为“二三一”的结构，步入良性循环轨道。此后，第一产业所占比例逐步下降，第二、第三产业经过几年的浮动，到2010年，三次产业比例为16.9∶50.2∶32.9,渝东南地区已经形成“二三一”的产业结构。渝东南地区三次产业结构“二三一”格局的形成，使产业结构进一步优化，第二、第三产业比重迅速上升，呈现出第一产业稳定发展，第二、第三产业齐头并进的发展格局。其中，工业总量扩张较快，效益提高较快，工业占地区生产总值的比重逐年提高，工业对经济增长的贡献率快速提升，2010年达到了36.9%，工业成为渝东南地区的最强支撑。可以预计，在未来的发展中，渝东南地区经济发展仍以第二产业为主，可能保持快速增长的态势，同时土地需求和环境保护的压力会加大。渝东南地区1998～2010年三次产业产值变化情况如图5-12所示。

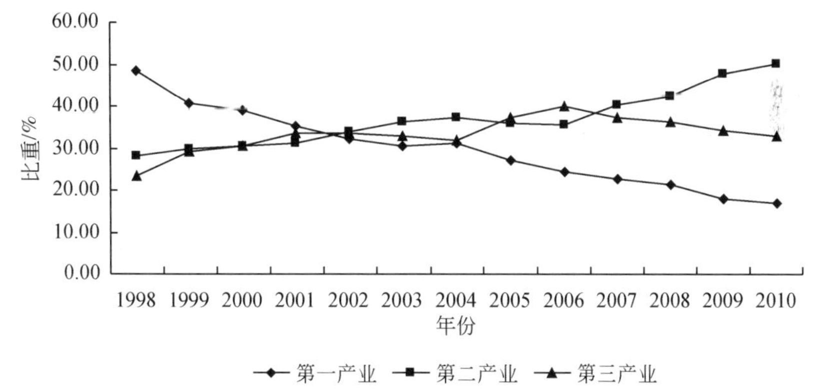

图5-12　渝东南地区1998～2010年三次产业产值变化情况

第一产业的产值比重虽然不大，但是分布地区和从业人数占大多数，渝东南小城镇仍以第一产业为主，来自第一产业的收入占68.8%以上，渝东南的传统的畜牧业、蔬菜产业等相当一部分产业很有潜力，但没有形成规模，很多农产品名气虽大，却没有进行产业化经营，无长足的发展。渝东南地区工业比重虽然较大，但主要以资源粗加工业为主，产业链条较短，生产附加值不高，生产经营粗放，如黔江的卷烟工业，对黔江区财税贡献高达80%，秀山的锰矿加工业占到了全县工业增加值的40%以上。单个产业支撑县域经济，产业偏态化较为严重，产业结构不尽合理，这也导致了渝东南产业抗风险能力弱。第三产业仍是传统的商业、餐饮为主，虽然近几年提出要发展民族生态旅游业，但是其投资成本大，见效慢，资源需要整合，目前除武隆在品牌和基础设施建设上基本成型之外，其他区县还处于摸索期。金融、信息、咨询等现代服务业几乎没有发展，城镇缺乏特色产业支撑。

总体来说，渝东南地区产业发展虽然取得了很大成绩，但无论是产业规模，还是产业质量布局，都面临着加快发展的艰巨任务，特别是在产业发展中存在的一些明显不足，迫切需要加以转变。

（三）主体功能区分析

主体功能区划是指在基于国土空间的资源禀赋、环境承载能力、现有开发密度和未来发展潜力等要素进行综合分析的基础上，以自然环境要素、社会经济发展水平、生态系统特征及人类活动形式的空间分异为依据，划分出具有某种特定主体功能的地域空间单元。主体功能区划是宏观层面制定国民经济和社会发展战略和规划的基础，也是微观层面进行项目布局、城镇建设和人口分布的基础，是战略性、基础性、约束性的规划，也是国民经济和社会发展总体规划、区域规划、城市规划等的基本依据。

重庆渝东南地区根据自然生态系统和社会经济基础的一系列指标进行划分，其中自然生态系统包括土地资源、气候资源、水资源、生物资源、生态环境，社会经济基础人口、经济、产业结构与布局、交通优势度、资源环境承载力、现有开发密度和发展潜力等指标，渝东南的地区划分的功能区中，重点开发区为黔江区，限制性开发区包括石柱县、武隆县、酉阳县、秀山县，彭水县，禁止开发区为各区县的生态保护区、历史文化遗产、重点风景区、森林公园和地质公园等。

三、发展生态产业有利因素与制约因素分析

（一）有利因素

1. 区位优势

交通便利束缚瓶颈基本打破、区位优势比较明显。渝怀铁路纵贯渝东南直达东南沿海，成为西南出海大通道，渝湘高速公路即将建成通车，渝东南将成为重庆、长沙两个都市圈的“郊区”。多条出境干道与湖南、湖北、贵州等省和市内的周边区县相连。渝东南民族地区是重庆与周边的重要连接地带，承担重庆对武陵山地区的辐射带动作用。

2. 资源优势

渝东南地区水能资源相对富集，可开发水力蕴藏量达 340 万 kW，占全市的 40%。重庆 70%以上的水电资源分布在渝东南。矿产资源品种较多，分布较广，已发现煤、锰、铝、萤石重晶石、铅锌矿、石灰岩、炼镁白云岩、石英砂岩等 45 种矿产。此外，这里还是重庆最重要的电矿产业基地。重庆重点勘探的八大成矿带中有两条就在渝东南少数民族地区，已探明的主要矿产资源有煤、天然气、锰、汞、铝土矿、铅锌矿、硫铁矿、萤石重晶石、石英砂、石灰石等 20 多种。这些矿产资源为本地区特色主导产业的发展提供了坚实的基础。秀山有平

均品位高达25%的锰矿，与湖南花垣、贵州松桃被齐称为中国锰矿的“金山角”，酉阳的汞矿蕴藏量极其丰富，被誉为全国“五朵金花”之一，极具开发潜力。作为少数民族聚居区，渝东南地区不仅拥有丰富的自然景观资源，而且拥有众多的人文景观和民族文化遗产。民族风情、人文历史、古镇民俗等旅游资源十分富集。拥有世界自然遗产的武隆仙女山、天生三桥，赵世炎烈士故居、全国历史文化名镇龙潭古镇和西沱古镇，地球上同纬度地区森林面积最大、生态植被保存最完好的原始森林，有国内保存最完整的古地震遗址湖泊小南海，重庆“四大精品”之一的“乌江画廊”，有陶渊明笔下“世外桃源”原型桃花源，渝东南民族地区深厚的文化底蕴和鲜明的个性特色，为培育生态旅游业创造了先决条件。

3. 政策优势

渝东南地区集中拥有西部开发政策、民族政策、扶贫政策，以及市里给予的专项政策等，“政策洼地”效应明显。有《关于加快渝东南民族地区经济社会发展的意见》《关于加快农村改革发展的决定》等一系列政策支持渝东南民族地区基础设施建设、土地矿产开发、特色产业发展、农村扶贫开发、社会事业发展等。“一圈两翼”格局中市里对于渝东南“武陵山区经济高地、民俗生态旅游带、扶贫开发示范区”的新定位，进一步提升了渝东南地区的战略地位，政策扶持力度将进一步增强。

4. 面临良好发展机遇

“一圈两翼”战略格局与第二轮西部大开发给渝东南地区提供了良好的发展机遇。作为重庆“一圈两翼”战略格局中的重要一翼，市委、市政府对渝东南地区做出了“三大定位”的要求：建设武陵山区经济高地、民俗生态旅游带和扶贫开发示范区。渝东南地区将迎来重要发展机遇期。这促使渝东南进一步解放思想，加快地区经济社会发展，未来在基础设施条件、产业竞争力、城市功能形象、社会事业发展水平等方面将会有极大发展。在党中央关心下，经过10年不懈努力，西部地区综合经济实力大幅跃升。基础设施建设取得突破性进展，生态环境保护成效显著，保障改善民生成效显著，社会事业和人才开发得到加强，人民生活水平明显提高，城乡面貌发生历史性变化。2010年7月5、6日中共中央、国务院在北京召开西部大开发工作会议，发起第二轮西部大开发。重庆是西部的经济高地，是西部唯一的直辖市，渝东南地区要利用第二轮西部大开发带给重庆的机遇，大力调整和优化产业结构，引进新的节能环保技术和企业，带动该地区的生态产业发展。

5. 主体功能区的指导

渝东南地区主体功能区的划分中，无优化开发区，重点开发区仅黔江一区，其余五县都属于限制性开发区。这在产业发展方向上限制新建各类开发区和扩大现有工业开发区的面积，已有的工业园要改造成低消耗、可循环、少排放、零污染的生态型工业园区。限制不符合主体功能产业的扩张，大幅度提高生态友好型产业的比重，不断提升高效率、低污染的行业水平，这就引导和促进了渝东南地区生态产业的发展。

(二) 制约因素

1. 认识约束

渝东南属欠发达地区，长期以来都是粗放的经济发展方式，比较重视和强调经济增长，忽视人与自然生态的相互协调，对生态环境重要性与加快生态产业建设紧迫性的认识不足。重经济轻环保、重城市轻农村，农业面源污染、水体污染等环境问题严重，矿产资源开发与加工对矿区生态环境破坏大，对如何推进生态产业建设缺乏科学认识。

2. 规模约束

渝东南地区目前企业规模相对较小，发展生态产业缺乏规模支撑。渝东南地区小企业在污染密集型和资源型行业占有很重要的地位，这是不发达地区产业发展的典型特征。企业规模约束不仅直接体现在影响资源利用率及废弃物的资源化程度上，而且污染监控成本和生态产业的技术推广成本也较高。实践表明，只有实现规模经济，生态产业的产业链构建和循环经济才能得以发展。

3. 技术约束

发展生态产业需要的污染治理技术、废弃物利用技术和清洁生产技术研发投入不足，先进适用技术尚未得到普遍推广。尤其是各产业之间相互关联、相互协调、相互配套的关系比较松散，在促进整个国民经济结构优化和“循环”的作用方面还存在着许多问题。物质流动网络极其复杂，这需要政府建立一套科学的方法体系，以便能够对物质流进行监控和管理，并有针对性地采取相应的调控政策。

4. 制度约束

产业发展与生态环境保护需要一种制度与体制。这种制度和体制在经济运行过程中应形成互为关联、相互作用、彼此制约、协调运转的各种机能的总和。受传统发展观及政绩观的影响，目前，我国的环境政策多数仍然处于“以行政命令、末端治理、浓度控制、点源控制为主”的阶段。重庆在资源探测、资源开采、资源加工资源运输管理系统和资源消耗预警系统、资源使用监测及资源节约调控系统还没有一个以保护生态环境为主导，促进经济、可持续发展的大系统的制度与机制的有效运作。社会主义市场经济体制下实施可持续发展的环境政策体系有待建立、健全，在制定环境政策方面还存在“机制不够配套”等问题。各区县由于政策、法律方面的原因，人们对于土地、水、矿产资源等资源没有进行有效保护的积极性和主动性，在生态产业实施的过程中，由于政府财政资金的投入不足，生态产业的高新技术推广工作受阻，有些示范工程中断。同时，由于缺乏补偿和激励约束机制，一些地区的生态产业示范区得不到持久的动力支持，无法充分发挥其示范引导作用。

四、渝东南地区发展生态产业的主要领域

在产业理论中运用关键种理论构建出关键产业。关键产业是指处于生态产业网络关键节点处，能够对相关企业及整个网络的产业链延伸和产业发展产生不可替代的重要影响的产业。换言之，关键产业在维护产业生态系统的稳定性方面起着重要作用，一旦其消失或削弱，原有的整个产业生态系统将面临崩溃或发生重构。关键产业是在国民生产总值或国民收入中占有较大比重或者将来有可能占有较大比重的产业部门，能够对经济增长的速度与质量产生决定性影响，其较小的发展变化足以带动其他产业和整个国民经济变化，从而使得关键产业与其他基础产业、关联产业的“产业链”构建变为“生态产业链”。在经济学理论中，主导产业具有关键产业的性质，但关键产业与主导产业最大的不同在于，关键产业更加注重生态规律和生态功能导向，具有更强的可持续性。

关键产业选择根据以下四项原则进行选择：较好的资源禀赋和发展基础、产业间的充分关联效应、经济—环境—社会的综合效应、可持续发展潜力。

渝东南地区的产业发展的潜力和优势在于区域内的特色资源，其中以旅游资源和特色农产品最为突出。区域内相对特殊的自然环境孕育的特色农林产品及农副产品、中药材等应该挖掘成为区域的关键产业。另外，随着交通条件的改善，武隆的特色自然奇观、乌江画廊景观、武陵山区的神秘自然景观等，和区域特有的土家族、苗族风情等特色旅游资源都有机会得到充分开发，旅游业的发展前景非常广阔，生态旅游业是保护自然保护区和生物多样性的最可持续的利用方式。

渝东南地区第二产业比重较大，虽然生态方式粗放，但是由于其发展工业见效快，对经济增长贡献大，各区县政府都纷纷发展工业。基于这种情况，渝东南的产业发展必须立足于绿色理念，建立以突出可持续发展的绿色产业观念来进行矿产资源和水能资源的有序开发和利用。做大做强清洁能源产业，在矿产资源加工业的产业链中使用清洁生产技术，使渝东南地区的工业集约化、清洁化、生态化。而且生态工业产业链条长，辐射范围广，除带动经济增长外，

还可以促进就业。渝东南地区可以选择以下关键产业。

生态农业中选择生态畜牧业、生态种植业和农副产品加工业为关键产业。①生态畜牧业。包括黔江、酉阳等区县的生猪产业，石柱、武隆等地的优质肉牛产业，酉阳、武隆等地的山羊产业等。②生态种植业。包括秀山金银花产业，彭水、黔江等地的烤烟产业，武隆等地的蔬菜产业，秀山优质金银花，石柱优质黄连中药材种植业等。③农副产品加工业。包括以中药材、林果产品等优势资源为基础的绿色加工业。

生态工业中选择如下产业为关键产业。①矿产品开发与加工业。秀山锰矿，鼓励和引导优势企业整合现有锰业，提高加工深度，延长产业链条，着力发展锰矿—电解锰—锰基中间合金—锰盐制品深加工产业；酉阳和黔江及石柱铅锌矿；武隆铝土矿，根据武隆铝土矿资源状况，发展铝土矿—氧化铝—电解铝—铝材及深加工产业链；石柱煤及铅锌矿有色金属；秀山、酉阳锰、铅、锌、镁、钒等五大矿物原料及加工。②能源产业。渝东南地区可以充分发挥水力资源相对富集的优势，积极发展以水电为主，风电、火电等配套发展的清洁能源产业，加强天然气勘探开发，发展清洁能源生产，并依托乌江及其支流，积极推进水能梯级开发，也可适度发展煤炭火电产业。

生态服务业中选择生态旅游业为关键产业。渝东南地区地处三省交界处，在以武隆为中心的基础上，加强区域联合，共同整合资源，打造品牌，强化特色风情旅游、民俗旅游，促进渝东南地区的城镇化发展和新农村建设。强化渝东南地区的后发优势，更好地与市场对接，杜绝生态破坏，发展生态旅游，促进可持续发展。

五、渝东南地区生态产业体系的构建

渝东南地区生态产业体系分为生态农业、生态工业、生态旅游业的构建，如图 5-13 所示。

渝东南地区的生态产业体系就是在渝东南地区的特色资源基础上发展的生态农业、生态工业和生态旅游业所组成的有机整体。这些产业通过生态化发展，不仅在产业内部形成产业链条，减少投入和末端废弃物，而且在三大产业之间也能够互相利用资源，形成三大产业之间的大循环。例如，生态旅游业与农业、轻工业、环保事业及公共事业等不同产业部门横向耦合，组成生态产业网络。通过利益传导机制，影响农业生产，引导农产品生产者优先选择种植生态、环保、绿色的产品。不仅有利于旅游区适应顾客“绿色消费”的偏好、建立绿色旅游品牌，同时带动农业向生态化方向发展。

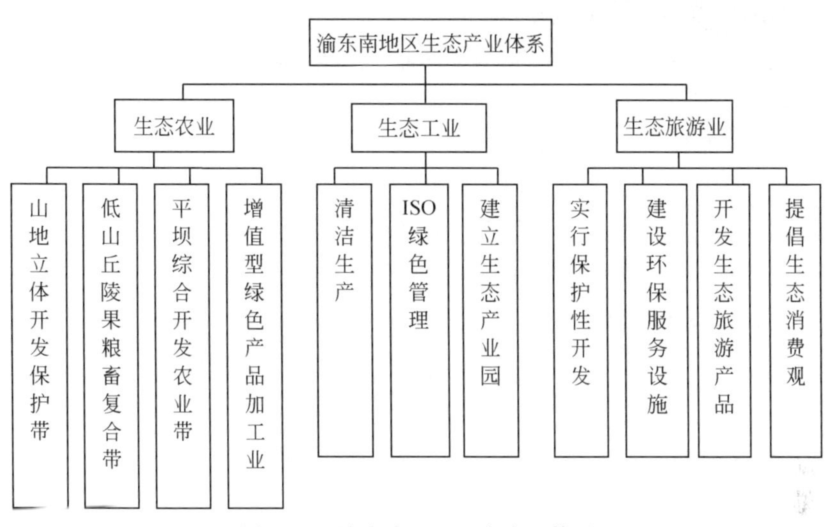

图 5-13　渝东南地区生态产业体系

（一）生态农业构建

生态农业代表了社会经济发展的方向，是农业发展的必然趋势。渝东南地区农村生产现状要求必须大力发展农业循环经济。目前农业生产在很大程度上还停留在传统生产运行层次，对农业资源的综合利用率不高，生产不节约、不经济。大量生产、大量消耗、大量废弃的粗放型经济增长方式，既压缩了农业利润空间，又影响了农业发展环境。

1. 山地立体开发保护带

重点发展高效生态林和山地名优特产。改变传统的用材林、经济林等单一的开发模式，在海拔高的山区建立“林—药—果”立体开发模式，主要以森林保护为重点，发展白术、金银花等中药材及干果等林下套种，提高效益。在海拔低的山腰地带，发展旱地作物及花椒等林下经济作物。

林灌草结合模式。这是一种林地主体利用模式，以乔木林为主体，乔木林下面是灌木林，灌木林下面是草丛。这种模式可有效防治水土流失，还可林牧结合，利用林间草地、灌丛发展养牛、养羊、养兔。

经济林主体模式。这种模式是在一些立地条件较好的地区，通过对林地的工程改造，建设高标准木本油料林、干果林、木本药材林、工业原料材等。既有良好的生态效益，又能获取很高的经济效益。

反季节利用模式。在高海拔地区，利用夏秋特殊气候条件，将耕地用于生产反季节蔬菜和其他农产品，可显著提高单产和品质，获取较高经济效益。

2. 低山丘陵林果粮畜复合带

重点调整种植结构，合理利用林下资源，发展林下经济，建设以优质粮食作物基地为主体的林果粮畜复合生态农业带。建立在经济林和果树林中放养牛、羊、鸡、鸭等的林果—畜禽模式，发展林下种植业和林下养殖业，增加农业产值，解决林木生长周期长、农民短期收入少的问题。更重要的是，利用林下的土地资源，大力发展林业多目标复合经营，提高复种指数，可有效缓解林农矛盾，节约土地资源，又可有效处理禽畜养殖带来的污染，还可以改善居住环境。

3. 平坝综合生态农业带

本区海拔低，是主要的居住区。在传统的农业种植过程中由于大量使用化肥和农药，农业污染比较严重，城镇周边生活垃圾污染也较严重，因此本区和人们的生活密切结合，应以提高资源利用率和效益、减少和治理污染为重点。建立高效的平坝综合生态农业带。

猪—沼—果庭院模式是以一家一户为基本单元，以山地、大田、庭院等为依托，采用先进技术，建造沼气池、猪舍、厕所三结合工程，并围绕农业产业，因地制宜开展沼液、沼渣综合利用的生态农业模式。这种模式是一个闭合的生态链，能进一步开发、利用农村能源，保护生态环境。合理充分地利用了农业废弃物资源，在农业生产系统中使传统农业的单一经营模式转变成链式经营模式，延长了产业链，实现了多层次利用和增值，以及能流与物流的平衡和良性循环；提高了能量转化率和物质循环率，最终实现了增长方式的转变和生态经济系统的良性循环和经济、社会、生态三大效益的统一。

家庭规模化草食牲畜养殖。这种模式以农户为单位建设简易畜舍，选择优良品种，主要利用农作物秸秆、山地野生牧草、人工种植牧草和补充少量精饲料，对肉牛、肉羊、肉兔（或毛兔）进行规模化养殖，利用低成本优势，获取高效益。

观光农业。观光农业是利用农业景观资源和农业生态条件，发展观光、休闲、旅游的一种新型农业生产经营形态。在生态条件较好、交通便利的地区建立观光生态农业模式，深度挖掘农业资源潜力，调整农业生产结构，改善农业环境，强化农业的观光、休闲、教育和自然等多功能特征，发展高科技生态农业观光园、生态观光村、生态农庄等形式，如县城周边的“葡萄山庄”“花果山庄”等。

4. 增值型绿色产品加工业

在选择生态农业模式的基础上，发展具有地域资源优势、无污染的绿色产品加工业，实现农副产品的加工增值和农业产业化经营。根据渝东南地区特色农业产品资源的现状优势，可选择以下两个方面作为农林牧产品加工业发展的突破口：中药材加工，如黄连、杜仲、黄柏、天麻等系列产品开发；农畜产品加工，精瘦猪肉及牛羊肉系列产品开发和有资源优势的果蔬系列产品开发，如高山蔬菜、脐橙、柑橘、板栗、猕猴桃等。图 5-14 为渝东南地区生态农业模式图。

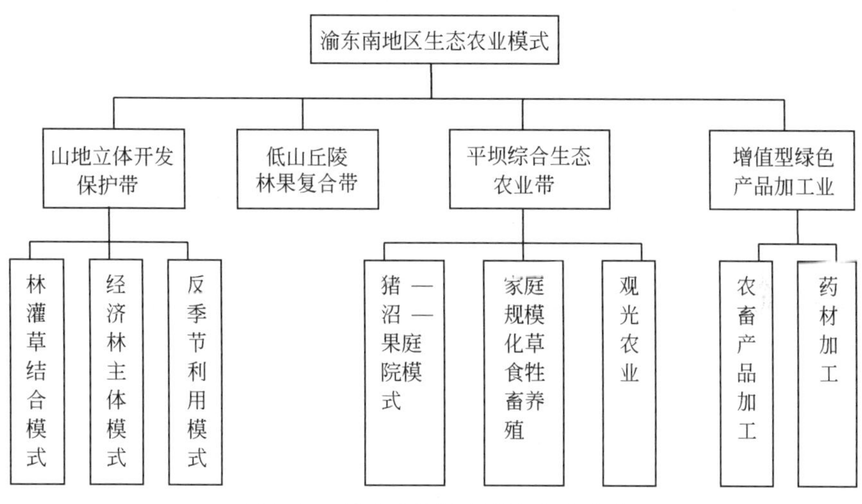

图 5-14　渝东南地区生态农业模式图

（二）生态工业构建

1. 实行清洁生产

清洁生产是指不断采取改进设计、使用清洁的能源和原料、采用先进的工艺技术与设备、改善管理、综合利用等措施，从源头削减污染，提高资源利用效率，减少或者避免生产、服务和产品使用过程中污染物的产生和排放，以减轻或者消除对人类健康和环境的危害。企业清洁生产的推行指的是企业运用产品的生命周期理论，结合自身的实际情况，从选材、过程控制、产品设计和废弃物的再使用、再循环四个方面综合考虑，力求企业的经济效益、生态效益双赢。清洁生产是一个系统工程，一方面，通过工艺改造、设备更新、废弃物回收利用等途径，可以降低生产成本，提高企业的综合效益；另一方面，它也强调提高企业的管理水平，提高管理人员、工程技术人员、操作工人等员工在经济观念、环境意识、参与管理意识、技术水平、职业道德等方面的素质。同时，清洁生产还可有效改善操作工人的劳动环境和操作条件，减轻生产过程对员工健康的影响。清洁生产贯穿于整个生产过程，从原材料一直到产品，每一个生产环节都离不开清洁生产管理。通过清洁生产管理改善传统的管理模式，从末端治理转变为过程控制，不仅可以减少各种资源的消耗，而且减少了生产过程的废水、废渣排放量，具有显著的环境效应。具体措施包括：①在整个生产过程中，控制原材料的消耗，降低单位产品原材料消耗量；②在废水处理之前，最大限度回收进入废水中的有效资源；③把环境管理贯穿于生产过程中每一个工序，做到减污、节能、增效；④对照清洁生产要求，建立并完善清洁生产制度，从制度上保证清洁生产管理的实施；⑤对生产过程中的废水、废渣进行资源化利用。

2. 实施 ISO 绿色管理

在工业环境管理方面提高企业环境管理水平，在企业内部进行环境教育和宣传，同时大力加强落后企业的生态化改造。大力推行清洁生产，尤其是针对石化、电力、造纸、啤酒等高能耗、高物耗和高污染行业产生的废水、废气和固体废弃物，进行减量化与资源化，鼓励企业创造条件积极争取 ISO 环境管理体系认证，达到清洁生产的要求。并引入循环经济的生产经营机制，延长产品的生命周期，延伸产业链，将其建设成为环境友好企业。

3. 建立生态产业园

建立生态工业园区是按循环经济和工业生态学的原理组建共生企业，形成资源耦合共生的产业链和产业群。渝东南矿产资源丰富，以矿产资源粗放型加工的小企业为多数，所以应该建立以矿业为龙头的共生模式的生态产业园。目前渝东南的工业园区主要是以化工、冶金、物流等产业为主导产业，但是大多在建设当中，尚不具有规模，绝大部分工业仍属于传统工业，现代高科技工业的比重较小。工业劳动生产率和国内先进地区相比有较大的差距，工业经济的发展主要靠资本投入，而不是靠技术的进步。区内现存的企业应进一步进行能流、水流、物质流、废弃物流及信息流等方面的重新集成，尤其是能流和水流的梯级利用，建立起物质流动和循环利用的渠道和机制。下面以铝工业为例阐述生态工业园区的构建。

渝东南发展铝工业有良好的资源和优势：首先，铝矿资源丰富，其次，渝东南地区水电资源丰富，可以满足铝工业所需的巨大的用电需求。铝工业的生产链条基本是“铝土矿—氧化铝—电解铝—铝型材—其他产品”，加上热电厂等一些配套企业完成整个生态环节。一般情况下，铝业有高能耗、高污染的特点。利用其产业链长的特点可以构建铝工业的生态产业链条，降低铝工业产品成本，提高经济效益，实现企业利润的最大化，使铝业企业按照 3R 原则实行资源减量化、再循环与回收利用、废弃物资源化，提高资源的利用效率，减少资源的使用量。渝东南地区的铝生态产业链构建，应该以铝电联营为核心，以电解铝系统、铝深加工系统、建材系统和热电联产系统为主要组成部分。有条件的地方，可以依托当地资源进行适当延伸，如可建立铝铸造系统、废铝再生系统、氧化铝系统、稀土铝系统和非冶金级氧化铝系统等。氧化铝系统还可以进一步进行铝的深加工，其产生的废铝可以再次作为原料进行铝的深加工，不能利用的废弃物进入环保行业进行最终的无害化处理，最后进入生态环境中。铝电联营中电力行业生产出的粉煤灰可以成为建材行业的原材料。这样通过延长铝工业的产业链，与其他行业的企业建立起了横向和纵向关系，形成以铝加工业为主导产业的产业园区。

（三）生态旅游业构建

生态旅游产业是以生态旅游资源为依托，以旅游设施为基础，为生态旅游者的生态旅游活动创造便利条件并提供所需的商品和服务的综合性产业。在旅游业迅猛发展过程中，生态旅游业因具有特殊的吸引力和发展的可持续性而成为各地政府和旅客青睐的产业。目前在渝东南地区只有武隆初步构建旅游品牌，在旅游要素配置上具有初步的规模，但是体现在生态上的极少，其他区县则还没有旅游产业的雏形。渝东南旅游业已经定位为民俗生态旅游，其中民俗文化以土家族、苗族为主体现原生态与文化，自然风光以武陵山区与乌江为主。渝东南地区地处三省交界处，应加强区域联合，共同整合资源，打造品牌，强化特色风情旅游、民俗旅游，促进渝东南地区的城镇化发展和新农村建设，强化渝东南地区的后发优势，更好地与市场对接，杜绝生态破坏，发展生态旅游，促进可持续发展。

1. 实行保护性开发

渝东南地区属欠发达地区，旅游知名度不高，旅游发展经验不足，远离主要客源市场，对市场需求的了解较少，而且面临着发展经济、实现脱贫和保护生态环境的多重压力。所以发展生态旅游业必须要实行保护性开发，更新生态旅游线路，制定旅游制度，并且实施环境动态监测，不断优化生态旅游系统，实现经济、社会和生态效益及可持续发展。应充分考虑景区旅游资源的保护问题和资源自身的容纳极限，控制游人数量，减少开放时间；树立全过程环境保护思想；建立环境监测体系；对旅游项目和企业实行准入制度；重视品牌旅游资源的管理和保护；实行分区、分级别保护。

2. 建设环保服务设施

传统的旅游食宿设施作为高消费的场所，占用并消耗大量的资源，排放大量的废弃物，导致自然资源浪费和生态环境污染。应在传统旅游业的基础上，运用生态学原理，设计结构与功能协调、系统优化、良性运转的生态旅游系统。通过科技手段的运用和生态工程的方法，对废弃物进行再利用、资源化。根据循环经济的3R原则，在旅游业建设和旅游活动的全过程，减少物质和能源的消耗，提高资源利用率，减少废弃物排放，减轻对环境的污染。在景区开发过程中积极推进清洁能源的利用、节能设施的开发、绿色饭店的标准制定与实施、饭店和景区的污水处理与污水回用技术的采用、生态步道的修建、生态厕所的建设、天然河流的保护、景区空气污染的控制、旅游区植被恢复和野生动物保护的工程技术实施等。以餐饮与住宿为例，设施应实现物质内部循环，给游客提供绿色食品，饭店废弃物作为饲料或肥料，循环使用。具体包括：①使用生态环境友好的材料；②尽可能多地利用太阳能等无限制性能源；③使用零排放或友好排放设施；④尽可能的小板块和尽可能远离核心区等。另外，环保服务设施是物流和能流的综合体系，建筑的空间组合、建筑材料、设备系统、结构体系都直接影响能耗水平和污染物排放，加强循环利用机会，减少排放物，如利用沼气池、堆肥厕所、雨水收集系统等。

3. 开发生态旅游产品

渝东南地区是少数民族的聚居区，城市化水平低，具有淳朴的民族文化和民族风情，除开发这些具有观赏价值的资源外，还应大力开发有民族特色的生态旅游产品，提高旅游购物比重，形成以绿色食品、旅游纪念品和工艺品为主体，独具渝东南地区特色的旅游系列商品开发格局和销售网络。首先，要扶持一批以绿色食品、专业化工艺为主的生产厂家。要注重传统和现代的结合，题材、品种和工艺的结合，高中低档次的结合，纪念性、工艺性和实用性的结合，生产和销售结合，最终建立一批集研究开发、生产销售等功能于一体的旅游商品生产基地，达到规模化生产、集团化经营。其次，规划建设旅游商品购物中心，在主要旅游区的游客集散地，有计划地建设一批前店后厂、现场制作的旅游购物场所和旅游商品一条街。最后，加速开发旅游文化娱乐产品，多渠道、多层次开发观赏性、趣味性、参与性强且适应旅游者需求的旅游文化娱乐项目和节庆活动。

4. 提倡生态消费观

提倡生态保护的理念，提倡合理消费，自觉注重消费过程中的环保；在社会消费环节，要大力提倡绿色消费。树立可持续的消费观，提倡健康文明、有利于节约资源和保护环境的生活方式与消费方式；鼓励使用绿色产品，如低能耗标识产品、节能节水认证产品和环境标志产品等；抵制过度包装等浪费资源的行为；政府机构要发挥带头作用；把节能、节水、节材、节粮、垃圾分类回收、减少一次性用品的使用逐步变成每个公民的自觉行动。

第六章 乌江流域生态产业发展政策支撑体系

生态问题从其实质上讲，并不只是单纯的生态领域问题，它涉及社会各个领域，是个重大的政治问题。因此，在产业发展上，各级政府应该以产业生态经济思想为基础，在产业结构、布局和技术上制定相应的政策，指导产业活动，有效促进生态产业的构建、实现经济增长方式从粗放型向集约型转变。

第一节 乌江流域生态产业发展政策保障措施

一、生态农业发展保障措施

当前，乌江流域内各地区政府十分重视地区农业生产结构与布局的调整，发展生态农业的需求十分迫切，“天时、地利、人和”已兼备，“天予不取，反受其咎；时至不迎，反受其殃”。乌江流域各地区要以高度的责任感和强烈的事业心，把乌江流域的开发建设工作放到与城乡统筹建设同等重要的位置上看待，顺势而为、乘势而上，在长江流域、甚至是西部地区的开发中率先作为，按照适度倾斜的原则，积极制定和实施优惠政策，营造政策竞争优势，这是促进乌江流域开发的重要条件。同时，乌江流域生态农业发展与规划实施是一项综合性很强的系统工程，需要贵州省、重庆市各有关部门的通力合作、共同参与，才能确保生态农业的顺利开展。

（一）制定和实施全流域生态农业发展总规和详规

乌江流域生态农业发展规划是加快乌江流域农业经济建设的指导性文件，是城乡统筹开发建设的行动指南。要强化规划的指导作用，组织相关专家，在对乌江流域进行深入考察调研的基础上，遵循因地制宜、合理布局、省际合作、有序开发、综合利用的原则，进一步制定乌江流域生态农业发展详细规划。

乌江流域各地政府要面向区（县）内外、面向社会、面向大众，广泛宣传乌江流域开发建设的重要性，展示乌江流域生态农业开发的成就和前景，增强广大群众的生态经济意识，打造乌江流域生态农业的总体形象与品牌，形成关心和参与乌江流域开发建设的浓烈氛围。

可成立乌江流域生态产业管理局，主要工作是协调乌江流域各个地区之间的协作关系；依据乌江流域生态农业发展规划制定年度实施计划，并作为区县年度目标及工作任务的考核依据；督促有关部门依据本规划抓紧落实相关政策，并组织项目实施，营造促进发展的环境。

为了及时了解和掌握规划实施情况，顺利实现和完成规划确定的主要目标和任务，乌江流域生态产业管理局要会同省（市）各区县相关部门对生态产业的实施情况进行定期评估，找出存在问题，提出对策建议，形成评估报告，报省（市）政府。同时在生态产业开展期间，如遇国内外环境发生重大变化或其他重要原因导致实际运行与规划目标发生较大偏离时，乌江流域生态产业管理局要提出调整方案，报省（市）政府审议批准后实施。

（二）加强全流域政府组织协作机制

进一步强化乌江流域生态产业管理局的职能，建立更加有力的生态产业开发建设动力机制、协作机制、调控机制和督导机制。管理局实行例会制度，定期召开会议，分析情况，确定乌江流域生态农业开发的阶段性目标和任务，制定推进的政策措施。研究解决各区县开发工作中遇到的重大矛盾和问题，对全流域的规划进行统一管理；对事关乌江流域农业经济发展的重大决策，提请贵州省（重庆市）相关部门研究确定；对有关经济发展的重大项目，及时纳入省（市）重大项目协调推进。

乌江流域生态产业管理局要从全流域生态农业协调发展的大局出发，努力当好乌江流域开发工作的参谋助手。第一，不断完善工作制度。拟定或完善《管理局组织形式和主要职责》《加快乌江流域生态农业开发建设的实施意见》《乌江流域生态农业开发建设目标任务考核实施意见》等。第二，研究提出乌江流域生态农业开发政策并促进落实。研究提出加快乌江流域生态农业开发建设的政策措施与建议；加强督促检查，促进乌江流域生态农业开发工作落实；做好宣传工作，宣传乌江流域生态农业开发有关政策，及时报道开发工作动态，适时交流工作经验及做法。第三，每年举办具有示范带动作用的支持乌江流域生态农业经济带开发建设活动。例如，组织高等院校、科研院所的专家赴乌江流域进行考察与科技研究项目洽谈，组织客商赴乌江流域进行投资考察和洽谈活动，举办乌江流域投资贸易洽谈会，并组织贵州与重庆的流域范围的企业走出去招商考察等。第四，加强年度目标任务的考核工作。结合乌江流域的实际情况，提出各区县支持乌江流域生态农业开发的年度任务；结合乌江流域不同地区的社会经济发展情况，提出有针对性的社会经济发展目标任务，重点加强重大项目、重点指标完成情况及软环境改善情况等考核；评选表彰开发建设先进单位和先进个人，调动各区县支持乌江流域开发的积极性。

(三) 强化流域性 (区域) 政策引导

(1) 土地政策。实行国有土地有偿使用，其收入及新增建设用地土地有偿使用费留成部分全部留归地方按规定用途使用。支持乌江流域土地按照主体功能区的划分进行开发整理。鼓励单位和个人，按照土地利用总体规划，有计划地开发未利用土地。开展村庄整理，实行农村集体建设用地减少与城镇建设用地增加挂钩。加强建设用地管理，控制建设用地规模，促进农民居住向城镇集中、生态农业向产业集中区或生态工业园区集中。

(2) 财税政策。对生态农业向产业集中区或生态工业园区所形成的财政收入，流域内各级财政与其实行单独结算，在财政体制上实行一定期限内的优惠政策。对国家、省有关规定的税收征收项目，在规定范围内从低、从缓征缴，对区县以下留成部分，省（市）政府可以按一定比例返还给投资企业，也可以根据项目情况实行加速折旧。

(3) 充分发挥高速公路、铁路、国道、航运的龙头带动作用，合理设置和调整道路周围收费站、跨省市的收费站，充分灵活运用国家政策和收费标准，降低物流成本，增加运输货源，提升流域范围内物流的竞争力。

(四) 做好多渠道资金筹措途径

设立乌江流域生态农业开发建设基金。通过流域各级政府的财政支持、出租拍卖商铺、场地、物流企业税收返还等方式筹集建立乌江流域生态农业开发建设基金，主要用于基础设施建设、生态农业产业集中区开发建设、农业产业项目发展、招商引资奖励或补助、特色农业综合开发等。

多渠道筹措资金。采取政府主导、部门联动、社会筹资、市场运作的方法，吸引政府、民资、外资企业和个人多方的资金，以加大对乌江流域生态农业开发的投入。研究国家和重庆、贵州生态农业综合开发、交通设施建设、市场建设、能源发展、生态环境工程建设、垃圾及污水收集处理设施等领域的发展政策，积极挖掘、包装乌江流域的特色生态农业项目，争取更多国家级项目进入乌江流域地区的规划范围，争取得到国家、省级以上专项资金支持。并按照“谁投资、谁得益”的原则，通过资本运作，盘活存量，建立多元化的投融资渠道。对处于乌江流域的重大基础设施建设项目，可以通过收取使用费、转让、拍卖、租赁等方式，提高资金周转和使用效益。鼓励项目直接融资，流域内各区县金融部门要切实加大对乌江流域生态农业开发的信贷投放力度。

招商引资。要创新方式方法，进一步提高乌江流域招商引资工作的实效。坚持大中小项目相结合，突出引进规模项目；坚持全员招商、专业招商相结合，突出抓好专业招商；坚持政策招商、服务招商相结合，突出强化服务招商。在工作指导、推进力度、考核奖惩和经费保障等方面进行倾斜，实施重点突破。

对超额完成招商引资任务的，引进大型项目的，要实行奖励。只要不违法、不违纪、不污染，一切优惠的条件都可以谈，一切外地可以利用的优惠政策乌江流域都可以用。

全民创业。抓“铺天盖地”：打造乌江流域生态农业领域民营经济总量优势；抓“顶天立地”：打造乌江流域生态农业领域民营经济规模优势；抓“特色亮点”：打造乌江流域生态农业领域民营经济集群优势；抓“企业家培育”，打造乌江流域生态农业领域民营经济人才优势。

（五）实施“科技兴农、人才强农”战略

强化“科技是第一生产力”的思想，加快建立和完善以企业技术中心为主体的技术创新体系，提升企业自主创新体系和自主创新开发能力。加强流域内重点企业与高等院校、科研院所的合作，充分发挥高校、科研院所的技术优势，大力推进以企业为主体、高校和科研院所为依托的产、学、研联合，加快生态农业新产品的开发和新技术的应用，推动乌江流域有条件的高附加值生态农业产业链及其特色产品的尽快形成。同时，要注重技术的引进，创造良好的条件，吸引知名企业进驻乌江流域各区县。

人才是经济建设的有效智力支撑，营造吸引聚集培养各类高素质人才的政策环境，形成尊重知识、尊重人才的良好氛围。加大人才引进力度，实行富有吸引力的人才激励政策，完善管理、技术等要素参与分配的制度，引导优秀创业人才向乌江流域生态农业开发建设的第一线聚集。加强劳动力培训，形成一批支撑乌江流域生态农业发展的专业技术骨干和熟练技术工人队伍。努力提高劳动者素质，加强技能培训，为乌江流域开发培养一批适合本流域要求的现代农业技术人才。

（六）强化流域内协调与区际合作

乌江流域在加快社会经济发展的过程中，要把全社会各个方面的积极性充分调动起来，既强化流域内协调又注重区际合作。打破省市的行政界限，构建将贵州境内的处于乌江中下游的区县融入“大重庆”的融合机制。在生态农业产业链的布局上做到合理规划、效率第一。使贵州沿河、松桃等区县在生态农业的定位上成为重庆的农副产品重要提供基地。要突出特色、避免与其他区县的重复生产。

一方面，要全力推进生态产业的联动发展、生态工业园区的联动开发，以及基础设施的联动建设，变行政区域为经济区域，变行政管理为经济整合，推进乌江流域生态农业的产业布局和结构优化，推进资源和要素市场的一体化，推进基础设施和生态保护的一体化。另一方面，流域内各区县政府要协调好与周边区域的分工合作关系，通过产业链延伸、产业配套、资源共享、联动开发等形式，实现优势互补，在凸显自身功能和农业特色的基础上，统筹跨省、跨区域之间产业协作和基础设施布局等重大问题。既要加强与流域内各区县间互动开发，又要充分利用国家关于主体功能区建设、城乡统筹建设、武陵山产业经济区开发建设等的机遇，加快渝湘黔间的产业和技术合作，还要充分发挥乌江流域的产业优势和资源优势，吸引发达地区产业向流域转移，并主动接受发达地区的经济辐射。

二、生态工业发展保障措施

（一）加强生态工业产业布局管理

精心做好乌江流域生态工业规划是克服发展盲目性、保障乌江流域可持续发展的重要条件。乌江流域生态工业规划要与重庆、贵州的工业生产力布局调整规划、城镇建设总体规划、土地利用总体规划协调一致；流域生态工业建设总体规划要体现“城乡统筹、工业兴江”的整体发展战略，为工业提供足够的发展空间；土地利用总体规划要保障足够的生态工业用地。

建议成立乌江流域生态工业管理局，会同各区县规划局、国土局等部门，做好乌江流域生态工业布局规划、产业发展规划的工作，并按照国家产业政策，从全流域工业经济发展的战略高度引导投资，防止盲目投资和低水平重复建设，指导乌江流域生态工业的结构优化。

（二）建设生态工业园区

依托循环经济的发展模式，大力开展生态工业园区的规划与建设，在有效降低各区县工业污染的前提下，达到全流域的生态工业资源共享、产品互补、相互协作，实现全流域的生态效益、社会效益、经济效益最大化。

（三）建设优势产业集群

由于城市用地尚属紧张，而在乌江流域这样多数属于限制开发的地区，工业园区用地更为趋紧。因此不能盲目引进一些与资源优势无缘的企业，以及与建设产业群无关的企业。应以流域内不同地区的重点优势工业为支柱产业，并围绕支柱产业引进经济效益好、产品效益高的优质品牌企业，着力打造地区间相互协调且各具特色的优势产业集群，实现流域工业经济的规模化发展，走集聚经济之路。

（四）建立合理的土地供应机制

各区县以生态工业园区为依托，提高生态工业经济投入及产出集中度。各区县政府要限制并逐步停止对零星工业项目用地的审批。新建项目和调整搬迁的工业企业，原则上要符合循环经济的要求，要进入生态工业园区或城市工业园区的生态功能区。积极引进年产值过亿元的大型企业，鼓励大中型企业做大做强，鼓励小企业做专做细，提高全流域生态经济投入与产出密度。

以产业布局为导向，实行土地供给优先制。要高度重视生态工业园区的土地利用，要更有效地容纳生态工业企业。要运用土地这一有力的宏观调控手段，对符合生态工业园区主导产业且具带头作用的项目用地优先予以安排，对不符合环保要求的项目用地坚决不予安排，实行有效的项目引进机制。

（五）建立科学的评价体系

要树立可持续发展的科学观，乌江流域生态工业管理局要会同各区县规划局、区国土局等相关部门建立一套生态工业园区规划、功能、环保、产业集中度、建设速度、投资强度、产出强度等评价指标，并以此作为向生态工业园区供地和考核相关工作的基础。对评为“先进生态工业园区”的将在招商引资，土地和水、电、气供应等方面给予倾斜性支持；对不具备开发条件和前景的其他工业园区，要下决心进行整合或取消，通过有效的土地置换和土地清理控制园区用地。

（六）加大政策扶持力度

要按照乌江流域不同地区的实际情况，制定适合不同地区生态工业发展的相关政策措施。要实行“四个优先”与“一票否决”同时成立的原则。“四个优先”即重大招商引资项目优先、高新技术产业项目优先、投入强度大产出效益好的项目优先、有利于生态工业产业集群建设的项目优先。“一票否决”指的是不符合环保要求、不利于循环经济的项目坚决不放过。项目审批管理部门应对符合这两大原则的项目进行绿色审批，缩短审批时限，帮助其拿到用地指标，同时在其他方面予以政策倾斜。

（七）加大对生态工业企业的融资担保

规范和强化政府投资管理，推行国际惯例的投资方式，规范发展投资中介服务体系，增强流域内各类投资主体的投融资活力，加强投融资宏观调控，营造投融资要素合理的流动的市场环境。对流域内实力雄厚的企业应尽量给予融资担保方面的政策倾斜，鼓励并支持其上市，积极引进国内外风险投资，建立和完善创业投资体系，对乌江流域内重点支持发展的生态工业提供充足的资金保障。

三、生态旅游业发展保障措施

（一）加快旅游基础设施及配套设施建设

目前，虽然乌江流域内的交通设施齐全，铁路、高速公路、国道均可通达流域内所有区县，但总体上看，贵阳、遵义等大中型城市周边基础设施及配套设施较为发达，远离这些中心城市的山区区县交通设施明显不足，制约了这些区县的旅游发展。因此，乌江流域范围内的道路交通条件仍需进一步完善。一是要按照“两带一专线四连线——即乌江沿江旅游带、武陵山旅游带，乌江山峡旅游专线，乌江自然风光连线、乌江民族风情体验连线、乌江生态产业旅游连线、乌江红色之旅连线”的旅游发展格局和“先通、后畅、再提高”的建设原则，加快旅游公路、铁路交通内部连接和外部联动建设。对原有的区县公路要进一步拓宽，尽快实现区县间高速公路的全部通达。建议建设乌江沿江高速，不仅实现乌江沿线各区县的顺利通达、物流通畅，而且要将其建设成为生态公路、环保公路。二是要加快各区县旅游公路两旁的景观化配套，并结合景点开发完善其内部旅游步行道和停车场的建设和综合整治。三是按照“自然生态体验带”和“都市后花园”的定位，提高乌江流域的旅游资源等级与旅游服务质量。

（二）全面整合乌江流域旅游产业要素

一是强化区域协作，加大乌江流域各个区县及与湖北、湖南、四川、云南等其他省份在旅游资源开发上的整合力度，打破各自为政封闭发展格局，通过共同开发、协作促销，共同打造以自然风光、世界遗产、民族风情等为标志的旅游胜地。二是创新旅游管理体制，按照大旅游、大产业的发展要求，加强组织领导和部门协调，统一认识、明确责任、形成合力，推进旅游资源所有权、管理权、经营权的适度分离，搭建有利于乌江流域旅游业发展的投融资平台、经营管理平台和信息咨询平台，认真解决旅游发展中的体制性障碍。三是加大政府对旅游业的导向性投入，加快培育和引进有实力的业主，鼓励和保护社会各界发展旅游业的积极性，形成政府主导、企业主体、市场运作、社会参与的发展格局。四是优化旅游软环境，加强旅游业管理，完善“行、游、住、食、购、娱”六大要素的衔接配套，严格规范旅游从业人员服务标准和质量，提高旅游地居民的旅游服务意识，营造安全、热情、有序、文明的旅游环境。

（三）加强资源保护和生态环境建设

一是要加强对原创性旅游资源的保护，成立省际旅游协作机构，统筹各方面力量，系统整理、挖掘、研究和探索创新特色旅游产品的保护及其产业化发展路径。二是要加强对原味性“民族风情”资源的保护，结合特色旅游产品的旅游开发，为地方特色餐饮、传统民间工艺品、民族服装及地方土特产品等物质性实体资源提供销售市场。三是加强对原生性“秀美山水”资源的保护，强化山、水、田、林、路、村的综合治理，坚持退耕还林还草、绿化荒山，严格控制流域内“五小工业”和生活“三废”造成的环境污染和生态破坏，实现全流域的旅游可持续发展。

第二节 乌江流域生态产业构建的文化支撑体系

建设乌江流域的生态文明，要先从意识形态上为生态产业体系构建出有利的发展环境，同时，生态产业的发展又有利于培育社会的生态文化氛围，建设生态时代的新文明。流域生态文明建设可通过在教育体系、家庭、社区、企业及政府不同层次的生态文化建设来实现。

教育生态文化。将生态教育融入正规教育体系。在初等教育阶段，在自然、地理、化学、政治等课程中加进与保护生态环境相关的内容，实施初等生态教育。加强生态意识理论研究，采取各种形式发动全市各大高校、研究机构相关专家，学者及社会关心生态文明建设的有关热心人士进行深入持续调研，形成系统的生态意识理论，为引领思想导向、弘扬生态意识文明构建强大理论支撑。推行生态文明全面教育，分类指导、区别对待、循序渐进构建全民终生生态教育体系。开展分类别、多层次的生态基础教育和专业教育，涵盖普通教育、职业教育、继续教育的各个阶段。从学校到社区、从政府到企业，把生态教育融入经济社会生活的方方面面，多渠道、分领域开展生动活泼的教育活动。完善各门类生态教育计划，建设生态教育课堂、中心、学校、社区和基地，加强生态教育教材、师资力量的建设。

家庭生态文化。家庭是实施生态教育的理想场所，从节水、节能、养草、关心家庭环境等身边小事入手，通过家长的示范和引导，形成孩子最初的生态环保意识，在家庭教育中培养孩子的环境道德。要积极推广普及节水、节能、环保产品和器具，为闲置物品和废旧物品的互换提供平台，促使物品的循环利用；推行垃圾分类收集和废弃物回收利用；倡导家庭成员绿色出行，选择人均耗能和污染较轻的公共交通、骑自行车、步行等绿色出行方式。

社区生态文化。形成以“生态文化”为特色的生态社区，是提高市民素质和城市文明程度和吸引公众参与的最好方式。把社区“生态文化”建设与文明社区建设工作有机结合起来，通过鼓励推广使用太阳能、生物能和风能等可再生能源，促进水资源的综合利用，大力倡导社区居民生活的绿色需求和生态消费，通过制定小区的环境标准，促使开发商的小区建设从以人为本的需要出发，构建符合可持续发展要求的生态环境支撑体系。同时，小区建设的生态环境标准还要强调小区外围环境及与现有地形地貌的协调，使人工环境与自然环境浑然一体。应当在土地、价格、税收配套费用等方面采取优惠政策，以引导房地产开发商从事小区生态环境建设。大力倡导生态消费和适度消费，反对奢侈消费与过度消费。鼓励公众优先购买和使用环境友好型、能耗节约型、生态维护型产品，减少使用一次性产品；禁止买卖、食用、穿着国家保护野生动植物皮毛及其肉制品；倡导住房适度消费，鼓励使用节能环保装修材料。

企业生态文化。所谓企业生态文化是以生态文化为企业经营的指导思想，并将其贯穿于企业经营的各个方面，它是以发展企业清洁生产为基础、以开展生态营销为保证、以满足需求为动力，实现企业、生态和社会可持续发展的经营文化。要教育主管部门设计并实施生态环保知识教育与绿色行为习惯培养体系；在劳动就业、职业资格、公务员、领导干部培训考试中强化生态哲学、环境理论、循环经济、环境法制等内容，提升全民的环保意识；组织科技人才攻克环保关键技术难题，加强生态文明建设理论研究，构建生态文明社会的文化氛围和环境理论基础（高宜新，2010）。要树立企业生态价值观及其绿色形象。随着社会进入生态文明时代，企业绿色形象的竞争已成为企业竞争的制高点，其绿色形象建设也成为市场经济条件下企业谋求生存的重大战略问题。培育和发展生态文化体现在企业的绿色形象上就是营造企业绿色文化。企业绿色文化是企业及其员工认同、遵循的，对企业发展产生长期重要影响的，对节约资源、保护环境及其企业成长关系的看法和认识的总和，包括道德素质、制度法则、绿色价值观等。其中，处于核心地位的是企业生态道德素质。因此营造企业绿色文化必须提升企业生态道德素质，包括形成生态道德共识、良好的生态道德意识、生态道德意志、生态道德情感和生态道德行为，尤其是要引导想做强做大的企业，用SA8000的道德标准约束自己（田景洲，2008）。

政府生态文化。努力培养各级政府领导者的生态文化素质，是建立和形成政府生态文化的核心。地方是实施可持续发展的主战场，各级地方政府最了解各地区的经济社会资源环境的实际情况，又担负着直接领导、管理当地重大事物、执行有关法规的责任。所以，地方政府人员对当地政策的制定、评估和监督负责，必须清醒地认识生态环境的日益恶化正侵蚀着经济增长的成果，增强生态责任，提高生态文化素质，努力构建生态型政府或绿色政府。首先，要以生态教育感化方式、生态市场激励方式和生态法制规范方式来促进生态公民的养成；要打破单一的政府生态管理权力中心，充分注重公民参与，强化政府与公民在生态环境管理中的合作与互动，以促进生态环境利益的最大化；在生态环境管理中，注重以盈利性企业、非盈利性组织和公民个人等的多元化治理主体，善治生态环境（黄爱宝，2007）。其次，对生态文明建设的重大事项，在决策过程中要通过信息网络，利用各种新闻媒体实行信息公开，保证公众的知情权，使公众对生态文明建设的动态能够及时了解。扩大公众的参与权、监督权，鼓励社会团体、新闻媒体和公民参与生态文明建设，为生态文明建设重大项目决策的监督提供必要条件，并对重大项目决策及时举行论证会和听证会，充分听取意见，促进生态文明建设决策的科学化、民主化。再次，要依法行政，健全监督机制。强化依法行政意识，完善执法监察的长效机制，加强对各级领导干部依法行政监察，强化各级人大、政协的监督，切实保障各级政府和相关部门依法行使管理职能；严肃查处生态文明建设过程中的各种违法违纪行为，以保障各项法律法规、政策措施的落实。总之，作为生态型政府，其核心环节——政策议程的设立，应当是在基于生态环境危机和人与自然矛盾激化的背景下，从反思政府及社会传统的自然价值理念，重构人与自然之间的联结方式，以及树立一种人与自然、社会协调发展的新生态意识和新价值观念的角度出发，改进甚至重新建构传统政府政策议程设立的运作过程，以应对生态危机的需要，更好地解决生态环境问题（田千山，2011）。

参考文献

安和平，金小麒．1997. 南、北盘江流域（贵州部分）土地利用现状与土地退化研究．贵州林业科技，(3)：12-15.

蔡北宁．2009. 生态节能建筑在房地产开发中的应用分析．徐州建筑职业技术学院学报，(2)：12-14.

陈蔚，胡斌．2004. 我国房地产开发项目中的生态评估．四川建筑，(4)：5-6.

陈晓涛．2007. 产业链技术融合对产业生态化的影响．科技进步与对策，(3)：52-54.

陈效兰．2008. 生态产业发展探析．宏观经济管理，(6)：60-61.

重庆工商大学长江上游经济研究中心课题组．2009. 重庆市在全国主体功能区中的战略定位研究：17-19.

崔兆杰，迟兴运，滕立臻．2009. 应用生态位和关键种理论构建生态产业链网．生态经济，(1)：55-58.

戴维·皮尔斯．1996. 世界无末日．北京：中国财政经济出版社．

邓南圣，武峰．2002. 工业生态学——理论与应用．北京：化学工业出版社．

邓伟根，王贵明．2005. 产业生态理论与实践——以西江产业带为例．北京：经济管理出版社．

董岚，梁铁中．2008. 生态产业系统的支撑体系研究．东南学术，(1)：127-132.

董岚．2006. 生态产业系统构建的理论与实证研究．武汉：武汉理工大学博士学位论文．

冯之俊．2004. 循环经济导论．北京：人民出版社．

高宜新．2010. 生态文明建设与企业绿色责任的辩证思考．生态经济，(2)：65-74.

郭莉，苏敬勤．2004a. 产业生态化发展的路径选择：生态工业园和区域副产品交换．科学学与科学技术管理，(8)：73-77.

郭莉，苏敬勤．2004b. 生态工业系统研究述评与展望．中国地质大学学报，(3)：19-23.

胡山鹰，李有润．2003. 生态工业系统集成方法及应用．环境保护，(1)：16-17.

胡仪元．2007. 汉水流域县域生态产业的构建研究．生态经济，(1)：111-113.

黄爱宝．2007. 生态型政府构建与生态公民养成的互动方式．南京社会科学，(5)：79-85.

黄国庆．2011. 国外“水库型”区域反贫困经验对三峡库区扶贫的启示——以美国田纳西河流域为例．学术论坛，(3)：125-128.

黄贤金．2004. 循环经济：产业模式与政策体系．南京：南京大学出版社．

黄园淅，张雷，程晓凌．2011. 贵州猫跳河与美国田纳西河流域开发的比较．资源科学，(8)：1462-1468.

金国平，朱坦，唐弢，等．2008. 生态城市建设中的产业生态化研究．环境保护，(2)：56-59.

孔凡斌．2009. 生态经济区建设理论与生态产业体系构建分析——以江西省鄱阳湖生态经济区为例．农业经济问题，(7)：101-103.
勒敏．2011. 保护母亲河日——黄河现状．http：//www.jconline.cn/Contents/Channel_http：//www.jconline.cn/Contents/Channel_6942/2011/0309/610800/content_610800.htm［2011-03-09］.
李慧明，朱红伟，廖卓玲．2005. 论循环经济与产业生态系统之构建．现代财经，(4)：8-11.
李慧明，左晓利，王磊．2009. 产业生态化及其实施路径选择——我国生态文明建设的重要内容．南开学报，(3)：34-42.
李伟，白梅．2009. 国外循环经济发展的典型模式及启示．经济纵横，(4)：80-83.
李文东．2009. 以循环经济理念推动成渝经济区生态产业体系的建立．软科学，(4)：87-89.
李艳波．2008. 全球化背景下生态物流的实现形式及其相互关系．工业技术经济，(1)：92-96.
李义平．2007. 来自市场经济的繁荣：论中国经济之发展．北京：生活．读书．新知三联书店．
李有润，胡山鹰，沈静珠，等．2003. 工业生态学及生态工业的研究现状及展望．中国科学基金，(4)：18-20.
李云燕．2008. 产业生态系统的构建途径与管理方法．生态环境，(4)：1707-1714.
李志刚．2007. 陕甘宁接壤区生态产业发展构想——以生态农业为重点．中国生态农业学报，(1)：176-178.
林开敏，郭玉硕．2001. 生态位理论及其应用研究进展．福建林学院学报，(3)：283-287.
林素兰，姚远征．2008. 大凌河流域生态产业型经营开发模式研究．水利科技与经济，(4)：301-303.
刘方健，史继刚．2010. 中国经济发展史简明教程．成都：西南财经大学出版社．
刘宁．2008. 基于DEA的黄河流域9省区生态环境可持续发展评价．新疆农垦经济，(3)：60-63.
刘玉林．2005. 城市生态文化建设若干问题的研究．南京：南京农业大学博士学位论文．
骆世明．2009. 生态产业的模式与技术．北京：化学工业出版社化．
马洪．1982. 现代中国经济事典．北京：中国社会科学出版社：79，153.
马世骏，王如松．1984. 社会—经济—自然复合生态系统．生态学报，(1)：1-9.
毛文永．1998. 生态环境影响评价概论．北京：中国环境科学出版社．
孟祥林．2009. 产业生态化：从基础条件与发展误区论平衡理念下的创新策略．学海，(4)：98-104.
宁立苗．2011. 长江三角洲经济区发展战略探究——借鉴欧洲莱茵河流域经济发展的经验．特区经济，(11)：45-46.
秦书生．2008. 复合生态系统自组织特征分析．系统科学学报，(2)：45～50.
申文明，张建辉，王文杰，等．2004. 基于RS和GIS的三峡库区生态环境综合评价．长江流域资源与环境，(2)：159-162.
沈满洪．2008. 生态经济学．北京：中国环境科学出版社．
施晓清．2010. 产业生态系统及其资源生态管理理论研究．中国人口·资源与环境，20(6)：

80-86.
世界自然保护同盟，联合国环境规划署，世界野生生物基金会．1992. 国家环境保护总局外事办公室译．保护地球——可持续生存战略．北京：中国环境科学出版社．
孙儒泳，李博，诸葛阳，等．1993. 普通生态学．北京：高等教育出版社．
孙永波．2008. 环保物流策略研究．改革与战略，(5)：113-115.
谭崇台．2001. 发展经济学．太原：山西经济出版社．
汤慧兰，孙德生．2003. 工业生态系统及其建设．中国环保产业，(2)：14-15.
田景洲．2008. 从生态文明看企业生态责任．南京林业大学学报（社会科学版），(3)：145-149.
田千山．2011. 基于生态型政府考量的政策议程．生态经济，(6)：35-39
铁燕，文传浩，王殿颖．2010. 复合生态系统管理理论与实践述评——兼论流域生态系统管理．西部论坛，(1)：55-78.
万贵明．2009. 产业生态与产业经济：构建循环经济之基石．南京：南京大学出版社．
汪毅，陆雍森．2004. 论生态产业链的柔性．生态学杂志，(6)：138-142.
王军，陈振楼，许世远．2006. 长江口滨岸带生态环境质量评价指标体系与评价模型．长江流域资源与环境，(5)：659-664.
王丽英．2007. 彰显地域特色，服务地方经济——重庆市人文社会科学重点研究基地乌江流域社会经济文化研究中心科研侧记．http：//xcb. yznu. cn/xwzx/ShowInfo. asp？ID＝359 [2007-06-03]．
王灵梅，张金屯．2003. 生态学理论在生态工业发展中的应用．环境保护，(7)：57-60.
王培成，齐振宏，冉春艳．2009. 生态产业链耦合的研究综述．新疆农垦经济，(5)：87-89.
王如松，蒋菊生．2001. 从生态农业到生态产业——论中国农业的生态转型．中国农业科技导报，(5)：7-12.
王如松，林顺坤，欧阳志云．2004. 海南生态省建设的理论与实践．北京：化学工业出版社．
王如松，杨建新．2000. 产业生态学和生态产业转型．世界科技与发展，22 (5)：24-32.
王如松．2003. 资源、环境与产业转型的复合生态管理．系统工程理论与实践，(2)：125-132，138.
王文波．2006. 三峡库区生态产业体系建设研究．重庆：重庆师范大学博士学位论文．
王兆华，尹建华，武春友．2003. 生态工业园中的生态产业链结构模型研究．中国软科学，(10)：149-152.
王兆华，尹建华．2005. 生态产业园中工业共生网络运作模式研究．中国软科学，(2)：80-85.
文传浩，张丹，铁燕．2008. 农业面源污染环境效应及其对新农村建设耦合影响分析．贵州社会科学，(4)：91-96.
席旭东，宋华岭．2009. 矿区生态产业链（网）结构与特性探析．中国矿业，(6)：53-55.
谢涛．2006. 循环经济型生态城市产业体系构建的理论与方法研究．北京：北京化工大学博士学位论文．
徐承红，张佳宝．2008. 论构建四川省生态产业体系．经济体制改革，(1)：146-148.

徐冬梅. 2004. 揭开美丽罗布泊神秘楼兰城千年消失之谜. http://www.people.com.cn/GB/keji/1059/2356907.html [2004-02-24].
徐杰. 2004. 企业生态文化建设研究. 中国林业企业，(9)：41-43.
徐静. 2008. 从生态试验区到环境立省. http://www.gog.com.cn [2008-04-03].
薛东峰，李有润，沈静珠. 2003. 我国生态工业实践研究. 产业与环境，(S1)：99-100.
杨德才. 2009. 中国经济史新论. 北京：经济科学出版社.
杨建新，王如松. 1998. 产业生态学基本理论探讨. 城市环境与城市生态，(2)：56-60.
杨庆育. 2009. 关于对《国务院关于推进重庆市统筹城乡改革和发展的若干意见》文件的解读. http://www.ybdpc.gov.cn/ShowArticle.asp? ArticleID = 2258&ArticlePage = 1 [2009-04-10].
杨振，牛叔文，常慧丽，等. 2005. 基于生态足迹模型的区域生态经济发展持续性评估. 经济地理，(4)：542-546.
尹琦，肖正扬. 2002. 生态产业链的概念与应用. 环境科学，(6)：114-118.
于贵瑞，谢高地，于振良，等. 2002. 我国区域尺度生态系统管理中的几个重要生态学命题. 应用生态学报，(7)：885-891.
张军涛，傅小锋. 2004. 以生态产业推动辽宁老工业基地的振兴与发展. 中国人口·资源与环境，(2)：73-75.
张培刚，张建华. 2009. 发展经济学. 北京：北京大学出版社.
张睿，钱省三. 2009. 区域产业生态系统及其生态特性研究. 研究与发展管理，(1)：45-50.
张文龙，邓伟根. 2010. 产业生态化：经济发展模式转型的必然选择. 社会科学家，(7)：44-48.
张文龙，余锦龙. 2008. 基于产业共生网络的区域产业生态化路径选择. 社会科学家，(12)：47-50.
张艳辉. 2006. 产业生态学：资源节约型经济的理论基础. 经济学家，(1)：125-126.
赵方兴，卢毅. 2008. 循环物流的运作模式与技术手段. 运输经理世界，(12)：76-77.
赵桂慎. 2008. 生态经济学. 北京：化学工业出版社.
赵万民，赵炜. 2005a. 山地流域人居环境建设的景观生态研究——以乌江流域为例. 城市规划，(1)：64-67.
赵万民，赵炜. 2005b. 论乌江流域与三峡库区的城镇协调发展. 重庆建筑大学学报，(2)：5-9.
赵炜. 2008. 乌江流域人居环境建设研究. 南京：东南大学出版社.
赵新宇. 2009. 东北地区生态足迹评价研究. 吉林大学社会科学学报，(2)：60-65.
赵雪雁，周健，王录仓. 2005. 黑河流域产业结构与生态环境耦合关系辨识. 中国人口·资源与环境，(4)：69-73.
郑荣翠，刘家顺. 2008. 两种不同类型生态产业链稳定性的比较研究. 经济研究导刊，(1)：190-192.
中国城市网综合. 2012. 楼兰古城消失的真正原因. http://www.urbanchina.org/cszj/jy/the-lostcity/201201/t20120105_93175.html [2012-01-05].

周芳 . 2008. 重庆市生态工业发展研究 . 重庆：重庆工商大学硕士学位论文 .
周鸿 . 2003. 我国生态教育体系建设 . 城市环境与城市生态，(4)：76-78.
周黎安 . 2007. 中国地方官员的晋升锦标赛模式研究 . 经济研究，(7)：36-50.
周文宗，刘金娥，左平，等 . 2005. 生态产业与产业生态学 . 北京：化学工业出版社
周运清，熊瑛 . 2001. 流域问题的本质与长江流域的适度开发 . 长江流域资源与环境，(1)：28-33.
邹华玲，王新 . 2005. 绿色物流体系及其意义 . 经济与社会发展，(3)：71-73.
Carter C R，Ellram L M. 1998. Reverse logistics：a review of the literature and framework for future investigation. Journal of Business Logistics，(19)：85-102.
Chertow M R. 2008. Industrial ecology in a developing context//Clini C et al. eds. Sustainable Development and Environmental Management. Springer：335-349.
Cowling E B，Furiness C S. 2005. Potentials for win-win alliances among animal agriculture and forest products industries：application of the principles of industrial ecology and sustainable development. Science in China Series C：Life Sciences，48 (2)：697-709.
Frosch R A，Gallopoulos N E. 1992. Strategies for Manufacturing Scientific America：Managing Planet Earth. New York：W H Freehman and Company：97-108.
Gertler N. 1995. Industrial Ecosystem：Developing Sustainable Industrial Structure. Massachusetts Institute of Technology，Development of Civil and Environmental Engineering.
Gibbs D，Deutz P，Proctor A. 2005. Industrial ecology and eco-industrial development：a potential paradigm for local and regional development? Regional Studies，39 (2)：171-183.
Gibbs D，Deutz P. 2008. Industrial ecology and regional development：eco-industrial development as cluster policy. Regional Studies，42 (10)：1313-1328.
Graedel T E，Allenby B R. 1995. Industrial Ecology. Englewood Cliffs，NJ：Prentice Hall：122-129.
Hawken P. 1993. The Ecology of Commerce. New York：Harper Business：53-55.
Hull R N，Constantin-Horia Barbu，Nadezhda Goncharova. 2007. Strategies to Enhance Environmental Security in Transition Countries. Springer-Verlag New York Inc.
Jorgen C. 2000. The industrial symbiosis at Kalundborg. Presentation to the Eco-industrial Development Roundtable in Mississippi State University：209-210.
Lambert A J D，Boons F A. 2002. Eco-industrial parks：simulating sustainable development in mixed industrial parks. Technovation，(22)：471-472.
Lou H H，Kulkarni M A，Singh A，et al. 2003. A game theory based approach for emergy analysis of industrial ecosystem under uncertainty. Clean Technologies and Environmental Policy，(6)：156-161.
Lowe E A ，Holmes D B ，Moran S R. 1997. Eco-industrial Parks：a Handbook for Local Development Teams. Emeryville，CA：Indigo Development：76-79.
Miller J G. 1978. Living Systems. New York：McGraw Hill.

Munasinghe M，Mcneely J. 1996. Key concepts and terminology of sustainable development// Munasinghe M，Shearer W. eds. Defining and Measuring Sustainability：The Biogeophsical Foundations. Washington D C：19-56.

Odum E P. 1971. Fundamentals of Ecology. Philadelphia：W. B. Saunders Co.

Pearce D W，Warford J J. 1993. World without End：Economics，Environment，and Sustainable Development. New York：Oxford University Press.

Posch A. 2002. From industrial symbiosis to sustainability network. //Hilty L M，Seifert E K，René Treibert. eds. Information Systems for Sustainable Development. Idea Group Publishing.

Schlarb M. 2001. Eco-industrial Development：a Strategy for Building Sustainable Communities. Washington D C：3-8.

Suh S，Kagawa S. 2009. Industrial ecology and input-output economics：a brief history. Eco-Efficiency in Industry and Science，23（1）：43-58.

World Commission on Environment and Development. 1987. Our Common Future. Oxford：Oxford University Press.

附录A 乌江流域涵盖地区

表 A-1　乌江流域上、中、下游分界线

分界	起点	终点
上游	贵州威宁县石缸洞	黔西县化屋基
中游	黔西县化屋基	贵州思南县城
下游	贵州思南县城	重庆涪陵

注：傍乌江干流的县级城市仅有贵州的思南、沿河和重庆的彭水、武隆、涪陵5个县城

表 A-2　乌江流域流经地区

重庆段	武隆县	南川区	彭水苗族土家族自治县	黔江区
	涪陵区	酉阳土家族苗族自治县	秀山土家族苗族自治县	
贵州段	铜仁地区	沿河土家族自治县	松桃苗族自治县	思南县
		印江土家族苗族自治县	德江县	石阡县
	遵义市	遵义县	正安县	余庆县
		桐梓县	道真仡佬族苗族自治县	凤冈县
		绥阳县	务川仡佬族苗族自治县	湄潭县
	黔南苗族自治州	施秉县	瓮安县	贵定县
		黄平县	福泉市	龙里县
	贵阳市	南明区	息烽县	开阳县
		云岩区	小河区	修文县
		白云区	花溪区	
		乌当区	清镇市	
	安顺市	西秀区	关岭布依族苗族自治县	普定县
		平坝县	镇宁布依族苗族自治县	
	六盘水市	钟山区	六枝特区	水城县
	毕节地区	金沙县	纳雍县	赫章县
		黔西县	大方县	毕节市
		织金县	威宁彝族回族苗族自治县	

附录B 太湖流域综合治理①

太湖古称震泽，又名五湖，为我国第三大淡水湖，湖面2000多平方千米，有大小岛屿48个，峰72座。这里山水相依，层次丰富，形成一幅“山外青山湖外湖，黛峰簇簇洞泉布”的自然画卷。在观赏这“秀色可餐”的太湖风景同时，还可游览名山、名园，探考历史。

太湖流域位于长江三角洲腹地，流域面积3.69万km^2。太湖流域行政区划分属江苏、浙江、上海、安徽三省一市，其中江苏19 399km^2，占52.6%；浙江12 093km^2，占32.8%；上海5178km^2，占14%；安徽225km^2，占0.6%。流域内分布有特大城市上海，江苏的苏州、无锡、常州、镇江4个地级市，浙江的杭州、嘉兴、湖州3个地级市，共有30县（市）。有500万人口以上特大城市1座，100万～500万人口的大城市1座，50万～100万人口城市3座，20万～50万人口城市9座。太湖水面面积2338km^2。2010年太湖流域以占全国不到0.4%的国土面积，4.3%的人口，创造了占全国10.8%的GDP，人均GDP是全国人均GDP的2.5倍。太湖具有蓄洪、供水、灌溉、航运、旅游等多方面功能，是流域的重要供水水源地，不仅担负着无锡、苏州、吴江等城市的供水，还通过太浦河向上海市主要水源地黄浦江上游供水。

太湖流域是我国人口最为稠密、经济最为发达、城镇化水平最高的地区之一，由于经济的快速发展和人口的快速增长，流域洪涝灾害、水资源短缺、水污染和水生态环境恶化等水问题十分突出。20世纪90年代以来，太湖在为经济社会发展做出贡献的同时，也承受着巨大压力，出现了各种具有太湖特色的流域水问题。

一、流域水资源保护中存在的问题

自1979年改革开放以来，太湖流域经济保持了高速增长，对流域水资源进

① 本附录参考了如下资料：太湖流域水文水资源监测中心 . 2003. 太湖简介 . http：//www. thwb. gov. cn/aboutth/intro. asp [2012-07-16]；叶建春等 . 2011. 积极开展流域综合治理，维护太湖健康生命 . 中国水利，(6)：93～95，120；朱威 . 2009. 太湖流域水资源保护存在问题和综合治理经验 . http：//www. tba. gov. cn/ztjg/page1. asp? s=12633 [2012-07-16]；佚名 . 2011. 依法治水 依法管水 开启流域管理新篇章——水利部副部长周英接受中国水利报专访 . http：//www. mwr. gov. cn/ztpd/2011ztbd/thgltl/qwjd/201110/t20111012 _ 306466. html [2012-07-16]；胡若隐 . 2011. 超越地方行政分割体制——探索参与共治的流域水污染治理新模式 . http：//www. qstheory. cn/st/stsp/201112/t20111231 _ 133076. htm [2012-07-16]

行了高度的开发和利用，但在开发利用同时未能及时注意节约和保护，相应水资源保护和水污染治理方面的措施建设严重滞后，带来的水资源问题也十分严重，集中体现在以下三个方面。

（一）水污染问题

随着太湖流域经济社会高速发展，工业化、城市化进程加快，与此同时，环境治理速度相对滞后，大量废污水未经处理直接排入河网湖泊。至2010年，太湖流域点源污废水排放量已达63.0亿t；点源化学需氧量（CODCr）排放量为116.1万t，氨氮排放量10.0万t，污染物排放总量远超过流域水域的纳污能力。目前流域水污染严重，太湖富营养化问题突出，每年夏秋季节太湖西北部湖区都会大规模暴发蓝藻水华。

由于河湖水质大面积污染，太湖流域已成为水质型缺水地区。可利用的优质水资源量大量减少，已严重影响工农业生产和人民生活用水。目前，流域内大中城市饮用水水源地水质大多得不到保障，以本地河湖为主要饮用水水源地的江苏无锡、浙江嘉兴及上海饮用水水源安全问题最为突出。无锡北部太湖水源地水质常年受蓝藻影响，2007年5月梅梁湖、贡湖蓝藻大暴发，导致梅梁湖小湾里水厂、贡湖南泉水厂原水恶臭，致使无锡市区80%的居民无法正常饮用自来水，引发了城市供水危机，造成较大的社会影响；嘉兴境内河网水污染严重，上海黄浦江上游水源地常受上游来水水质和下游河道水质影响，原水水质难以达到饮用水水源地水质要求，饮用水水源污染问题已严重威胁到人民群众的生命健康。另外，河网严重水污染已使太湖流域广大农村乡镇供水出现“居在水乡无好水饮”的尴尬局面。

（二）流域水资源承载能力和水环境承载能力偏低

流域用水量远大于本地水资源量，主要靠调引长江水量和上下游重复利用弥补本地水资源量的不足。7～8月用水高峰期平原区因水田灌溉等大量取水，沿江口门虽尽力引江，但难以满足该时段的河道内、外用水要求，引江能力明显不足。太湖及平原河网主要控制站点的水位和流量偏低，存在较大的供需缺口；黄浦江松浦大桥净泄量锐减并出现负值；山丘区工程型缺水亦有所加重。由于缺乏有效控制，望虞河受西岸地区污水和东岸口门分流的影响，引江能力得不到充分发挥，引江入湖效率偏低；太浦河受京杭运河等两岸支流劣质水入流的影响，供水水质得不到保证。两条流域骨干供水河道尚未充分发挥“清水走廊”的作用。随着流域经济总量持续高速增长，用水总量还将不断增加，若无相应的工程措施和管理措施，进一步提升引江及水资源调控能力，流域水资源供需矛盾将更突出，流域供水安全和生态安全将受到严重威胁。

(三) 流域水生态环境问题日益突出

近50年来，由于泥沙沉积、围湖垦殖和养殖等原因，太湖、滆湖、洮湖、独墅湖、阳澄湖、澄湖、元荡及淀山湖8个重点湖泊出现显著萎缩，萎缩面积达306km²，其中太湖萎缩160km²。随着流域河道外用水持续增加，流域水污染防治严重滞后，整体水环境质量下降，河网水质普遍超标，水污染问题突出，湖泊富营养化严重，导致长期超采深层承压水，致使深层地下水位不断降低，地下水降落漏斗区面积达9721km²，并由此引发地面沉降、地裂缝等地质灾害，也降低了水利工程防洪能力。随着城镇的扩张和基础设施建设，以及泥沙的淤积，流域中小河道及池塘水面萎缩造成流域湿地退化和缩减。水污染造成水生态环境退化，直接破坏原有水生生物链，导致生物多样性和生态稳定性下降，水生植被遭受破坏，水体自净能力减弱。同时由于河湖水体不能有序流动，河网流速小，降低了水体自净能力和水环境承载能力。

随着经济社会的快速发展，太湖流域防汛抗旱、水资源管理与保护、水污染防治等方面出现了一些新情况、新问题，主要表现在：一是太湖流域洪水出路不足，防洪标准偏低，流域洪水与区域涝水叠加，流域防洪调度压力大。二是人口密度大，城镇化率高，水污染引发的水质型缺水和水环境恶化，致使饮用水安全问题日益突出。三是流域本地水资源不足和水质型缺水并存，用水缺口主要靠从长江引水和区域之间水资源重复利用等手段解决，流域不同行政区域间在水资源配置和保护上缺乏统筹考虑，难以实现高效利用和合理配置。四是开发项目日益增多，污染物排放未得到有效控制，水污染防治任务艰巨。五是流域水域、岸线缺乏统一规划，圈圩、围湖造地未得到根本治理，导致太湖和流域骨干河道行洪调蓄能力降低。

二、太湖流域综合治理及成效

为彻底解决太湖流域水环境问题，根据国务院部署，2007年7月起，国家发展和改革委员会（国家发改委）组织水利部、环境保护部（环保部）、建设部、农业部等国务院有关部门和江苏、浙江、上海两省一市人民政府开展了《太湖流域水环境综合治理总体方案》（以下简称《总体方案》）的编制工作。《总体方案》于2008年5月得到国务院批复，国务院并同意由国家发改委牵头，会同两省一市及国务院有关部门建立太湖流域水环境综合治理省部际联席会议（省部际联席会议）制度，组织实施《总体方案》。

自国务院批复《总体方案》以来，两省一市各级人民政府及国务院有关部门高度重视，建立、健全了组织领导体系，各项工作任务和目标责任分解落实到位，有效地推动了总体方案的实施。截至2009年年底，《总体方案》中1400

个项目的完工率达 55.9%，在建率达 28.4%；上述项目对应的《总体方案》总投资为 1079.7 亿元，截至 2009 年年底已完成项目投资 620.2 亿元。综合治理各类项目工作进展较快，投资完成情况较好。

在推进太湖综合治理工作中，太湖流域管理局（太湖局）根据职责分工，按照水利部的安排全力以赴投入流域水环境综合治理总体方案编制。通过积极有效的工作，较好地在方案中体现了流域管理与治理的需求。《总体方案》经国务院批复后，太湖局会同流域各省、直辖市积极推进水环境综合治理各项水利工作，逐年组织开展引江济太水资源调度，2010 年相机 6 次实施引江济太调水，成功保障了流域重要水源地和世博会供水安全；积极开展流域水功能区水质监测，蓝藻高发期间逐日开展太湖蓝藻调查和水源地监测工作，编制并报送《太湖水质信息》；地方水利部门还组织开展了太湖底泥疏浚、东太湖综合整治和河网治理等多项工作；流域提高水环境容量（纳污能力）引排工程前期工作进展顺利，为加快防洪和水资源调控工程体系建设奠定了基础。

目前，走马塘工程、东太湖综合整治工程、望亭水利枢纽更新改造工程已开工建设；太浦闸除险加固、太湖流域水资源监控与保护预警系统、太湖污染底泥疏浚试验及太嘉河、新沟河、环湖溇港整治等 7 项工程可研已报国家发改委，太浦闸可研已经由中咨工程有限公司（中咨公司）评估；望虞河西岸控制、新孟河延伸拓浚、苕溪清水入湖河道整治、扩大杭嘉湖南排能力 4 项工程可研经水规总院审查。

流域水环境综合治理工作成效明显。2008～2010 年，太湖流域未再发生大的供水安全事故，太湖水源地水质逐年好转，“两个确保”（确保供水安全、确保不发生大面积水质黑臭）目标得以实现。2005～2010 年，太湖流域水质总体好转，主要水质指标浓度逐年降低，太湖富营养化趋势得到初步遏制；主要入湖河流中劣 V 类入湖河流数量由 10 条下降至 7 条；流域省界水体水质达到或优于Ⅲ类断面比例由 19%升高至 31.4%；流域重点水功能区水质达标率由 18.6%升高至 35.0%。但 2010 年太湖水质仍处于劣 V 类，总氮浓度距总体方案 2012 年近期目标尚有较大差距；2010 年太湖总磷、总氮浓度高于 2009 年，太湖水质好转的趋势仍不稳定。主要入太湖河流大部分为 V 和劣 V 类，总氮浓度远远高于太湖平均值（总氮浓度在 4.0mg/L 以上的入湖河道达到 16 条），总磷浓度超标现象也较为普遍。2010 年太湖全湖平均营养状态指数为 61.5，处于中度富营养状态，下半年随着气温上升，太湖蓝藻水华暴发严重，太湖蓝藻水华防控形势仍然较为严峻，太湖供水安全保障压力仍然较大。太湖流域水环境综合治理仍需在现有基础上进一步加大。

三、太湖流域治理经验

要维护太湖健康生命，促进太湖流域经济可持续发展，仍需在现有基础上进一步加大对太湖流域的综合治理。从前期太湖流域治理的成效来看，主要经验有以下几点。

调整产业结构是减少污染源的重要举措。调整产业结构是从源头减少污染物排放的主要手段。通过关停污染企业，严禁新建高污染、高消耗的项目，对不符合国家产业政策和水环境综合治理要求的造纸、制革、酒精、淀粉、冶金、酿造、印染、电镀等排放水污染物的生产项目，对现有的生产项目不能实现达标排放的依法关闭。在太湖流域新设企业应当符合国家规定的清洁生产要求，现有的企业尚未达到清洁生产要求的，按照清洁生产规划要求进行技术改造。积极发展高技术、高效益、低消耗、低污染的“两高两低”产业，大力发展生态产业，对减少污染源取得明显效果。此外，加大经济杠杆的调节力度。经济杠杆调节是减少污水排放量有效手段。发挥经济杠杆调控作用，调整水价，包括水资源费、污水处理费和排污费，对节约用水和污染减排起到重要作用。实现资源的节约和优化配置。

综合治理和突出重点是污染防治的根本要求。要修复、治理和保护湖泊水生态系统，治理湖泊水污染和富营养问题，必须实施流域综合治理，需要全面考虑流域内的经济发展、城市建设、土地利用、资源开发，以及旅游、养殖、船运等各方面的因素，综合运用产业结构调整、污染源治理、加强水资源调度、生态修复和机制创新等综合措施，实施综合治理。国务院批复的《总体方案》，总结了太湖水环境治理的经验与教训，基本思路是综合治理，标本兼治；总量控制，浓度考核；三级管理，落实责任；完善体制，创新机制的。明确了太湖流域水环境综合治理的主要任务，并提出太湖的综合治理要为全国其他江河环境综合治理提供经验。自“十五”以来的污染治理，逐步形成了综合治理的模式。工业点源、农业面源、城镇生活污水治理，以及产业结构调整、生态修复、“引江济太”、加强监测等措施相互结合，多管齐下，治理工作取得明显进展。在统筹规划、综合治理的同时，突出对农村面源污染的综合治理。

创新流域管理体制，推进湖泊立法工作是根本保障。太湖流域问题迫切需要出台专门的法规，创新流域管理体制。将国家有关法律制度与太湖的特点和实际紧密结合起来并使之具体化；将太湖流域水环境综合治理工作中经实践证明行之有效的各项措施法治化；将国家关于施行最严格的管理和保护制度实现到管理之中，以水资源的可持续利用保障流域经济社会的可持续发展。湖泊治理涉及部门多，责、权、利在许多方面重叠、交叉、矛盾，造成了存在部门职责不清或管理缺位的问题。在湖泊治理过程中，建立治理协调体制和机制，如在太湖治理过程中，2008年，国务院批复成立了省部际联席会议制度，统筹协调《总体方案》实施过程中的有关问题，为太湖水生态修复和保护重大问题协商提供了良好平台。联席会议由国家发改委牵头，水利部、环保部等部门和苏、浙、沪两省一市参加，国家发改委主要负责在产业结构调整政策、循环经济和清洁生产等方面工作；水利部门主要负责水资源调配（引江济太）、水资源保护、核定各水域纳污能力、水资源监测等工作，环保部门主要负责环保监督执法、废水排放标准、环保准入、水质监测等工作；建设部门主要负责污水及垃圾处理设施的建设、运行监管等工作；还有农业、林业、国土等多个部门和两省一市人民政府参加，工作都与生态系统保护工作密切相关的联席会议。联席会议明确了各部门单位的职责分工、工作任务、完成时间，协调职责不清的问题，就重大问题专家论证逐一解决。

《总体方案》明确提出要从国家层面立法制订《太湖流域管理条例》，理顺太湖管理体制，统筹考虑，综合解决太湖水问题，联席会议明确要求水利部会同环保部抓紧开展条例起草工作，《太湖管理条例》已征求省市政府和部委意见，将报送国务院审批。《太湖流域管理条例》颁布后，将进一步明确流域管理与行政区域管理事权范围，理顺涉水部门管理体制，将综合治理与管理纳入法制化轨道，依法规范太湖的开发、利用和保护行为。

2011年9月7日，国务院总理温家宝签署第604号国务院令，发布了《太湖流域管理条例》（以下简称《条例》），将于2011年11月1日起正式施行。这标志着太湖流域进入了依法治水的新阶段，是水利法治建设取得的重大成果，是流域立法的重要里程碑，它同时也开启了我国江河湖泊流域管理的新篇章。《条例》的出台和实施将有力推进依法行政和依法治水，提升流域防汛抗旱能力和水平，推动建立水资源开发利用控制、用水效率控制、水功能区限制纳污三条红线，强化供水安全保障，加大水资源保护和水污染防治力度，促进经济发展方式转变，实现水资源的可持续利用、水生态有效保护和水环境有效改善，为确保太湖流域防洪安全、供水安全、生态安全，推动流域经济社会可持续发展提供有力的法制保障。

总的来讲，太湖流域水污染的案例表明，治理只能在制度创新的过程中取得明显成效，包括如下几点。①建立了多级政府之间的信息披露制度、行政监察制度和联席会议制度。多级政府之间能够统一协调行动，尤其是在不同行政区之间形成集体行动。这也表明，建立跨地区的政府间权威性机制是参与共治的首要条件。②建立了政府、市场和社会公众的参与共治机制。大量环境友好型组织、公民团体和个人都参与太湖的流域水污染治理，由此既形成了流域内各个利益主体的集体行动，也充分利用了各方力量特长和资源条件的优势。在这其中，尤其是民间智慧和专家的指导，为太湖流域水污染治理注入了新的活力。环太湖地区企业和产业结构的调整和进步，以及生物技术对湖泊水体质量本身的改进，都受益于企业对高新技术的攻关和应用。排污权交易市场建设存在多重制约因素，市场机制需要进一步培育。③实现了不同部门之间的联动合作机制。地方水利、环保、财政、农业等部门在协商合作的基础上，各司其职，通力合作，由此建立了流域水污染治理的长效机制。尤其是太湖流域管理局和地方政府职能部门的合作，从根本上打破了流域水污染治理行政区域和流域的分野，为多部门联合参与流域水污染治理提供了良好的合作平台。

通过对太湖流域水污染治理案例的分析，可以发现它立足于经济发展水平较高、水资源构成严重制约和法治精神深入人心的社会现实，从制度层面进行了探索和创新。新的体制和模式在本质上有别于地方行政分割体制，其合理性在于：①它克服了各个地方政府自利化的倾向，强调流域经济发展和生态环境的良性互动；②它摒弃了一个地方政府的单边行政模式，强调多个地方政府之间的协同和合作；③它脱离了经济权重决定话语权大小的传统游戏，强调地方政府依靠行政力权威构建平等的对话平台，在信息对称基础上通过谈判、协商达成共识和合作；④它突破了在单一政府模式框架内谋划顶层设计的思路，强调政府、市场和自治组织等都是共同参与流域水污染治理的主体力量。这种模式生长于地方政府治理流域水污染的实践之中，它在超越地方行政分割体制的同时，也初步显示了制度探索和创新带来的活力，是一种参与共治机制。

附录C
洱海流域综合治理[1]

洱海是云南省第二大高原淡水湖泊，风光明媚，素有“高原明珠”之称，是大理苍山洱海国家级自然保护区、国家级风景名胜区的核心组成部分。洱海流域位于澜沧江、金沙江和元江三大水系分水岭地带，属澜沧江—湄公河水系，湖泊面积 250km^2，流域面积 2565km^2。洱海集城市生活供水、农业灌溉、发电、水产养殖、航运、旅游和调节气候等多种功能为一体，是大理人民的母亲湖，被视为白族和其他民族繁衍生息的摇篮。近年来，周边人口压力的增大和旅游业的发展，给洱海的水环境带来了新的问题。洱海水资源的生境状况直接关系到洱海地区的生态安全，在对洱海进行合理开发和利用的同时，采取对策和措施保护洱海生态环境，是洱海地区环境保护与可持续发展面临的一个重要课题。

一、洱海生态环境问题

洱海自古以来就以“玉洱”名闻天下，20 世纪 70 年代以前，湖水澄碧如玉，清澈透明，风光秀丽，充满着勃勃生机。70 年代以后，由于对洱海资源的过度索取及不合理的开发利用，滩涂和湿地大面积丧失，近岸湖滨区严重污染，生物多样性减少，生态环境开始恶化。1996 年和 1998 年，洱海两次爆发全湖性的蓝藻危机，水体透明度由 3～5m 下降到 0.4～1.5m，湖泊的营养化程度由 1995 年以前的贫中营养级上升为富营养级，水葫芦、水花生等恶性杂草亦大量繁殖蔓延，北部湖区已经出现明显的沼泽化。

洱海的环境问题引起了各级政府及社会各界民众的极大关注，大理白族自治州明确提出“要像保护眼睛一样保护洱海，决不能让洱海变成第二个滇池”，积极采取了一系列措施和政策，先后出台了《关于取消洱海机动渔船动力设施和网箱养鱼设施的通告》等一系列旨在减少污染、治理污染源的法规和文件，并与中国环境科学院合作开展了洱海湖滨带的生态恢复建设工程。

2000 年初，大理又组织大理、洱源两县（市）及相关部门在洱海环湖周围开展了声势浩大的“三退三还”运动，即退耕还林、退塘还湖、退房还湿地。通过保护和加强治理，洱海污染指数、富营养化水平和藻类在一定程度上得到了

---

① 参见博雅旅游网，浅谈洱海治理经验和保护对策，http：//cn. bytravel. cn/art/qte/qtehzljyhbhdc/，2012 年 7 月 16 日

控制。2002年11月，洱海管理局和大理州环境保护局通过对洱海不同区域位置测点34个，采用《地表水环境质量标准》（GB3838—2002）进行了测定和评价。从发布的洱海水环境质量公报上看，洱海流域水质监测点中符合Ⅱ类水质的测点比例为32.4%，符合Ⅲ类水质的测点比例为61.8%，属Ⅳ类水质的测点比例为2.9%，劣Ⅴ类水质的测点比例为2.9%。就整个湖泊来说，营养状况已经为中营养水平，卡森指数在逐年上升，总体水质正在下降，水环境恶化的趋势依然十分严峻。

二、洱海治理主要措施

2004～2006年，洱海水质已连续三年总体达到并保持Ⅲ类标准。国家发改委、国家环境保护总局（现为环境保护部）调研组近日在考察洱海后认为，“洱海经验”值得借鉴和推广。

（一）狠抓洱海湖滨带恢复建设，有效控制内源污染

从2003年开始，先后完成了从大关邑至罗久邑生态恢复约10km，包括湖滨带核心区及桃溪河口南北两片鱼塘生态恢复；完成了从罗久邑至罗时江河口约38km湖滨带建设；完成了沙坪湾生态恢复工程，对整个沙坪湾进行了基底修复，清除了覆盖在湖底的水生植物残体和腐植层；完成了满江—机场路湖滨带生态修复9.7km^2，对工程区范围内原有地形及废弃鱼塘进行全面改造和生态重建。

（二）狠抓污染物超标排放的整治，有效控制点源污染

为了使洱海流域工业全面实现污染源达标排放，先后关闭、搬迁了一批污染严重、治理无望的企业。促使大理市洱滨纸厂和4家水泥厂等一大批企业新上污染治理项目，实现达标排放。全面整治大理石加工业，全面规范和取缔了洱海周边的洗车场，切实加强流域内新建项目的“三同时”（建设项目中防治污染的措施与主体工程同时设计、同时施工、同时投产使用）现场监察工作，杜绝出现新的污染源。

（三）狠抓农村生产生活污染治理，有效控制面源污染

在洱海流域全面推广控氮、减磷、增施有机肥的科学施肥方式，5年推广土壤磷活化剂30.6万亩。在蔬菜生产重点乡镇每年推广施用生石灰调酸改良土壤示范5.2万亩，举办中心示范样板36万亩。加大作物结构调整力度，以包谷、烤烟为主的大春旱作面积逐年增加，有效减少化肥用量。

在大理市、洱源县完成生态家园“三改一池”建设7984户，建成单口沼气池3.6万户。到2005年年底已全面取缔流域范围生产、销售和使用含磷洗涤用

品。从2006年年底开始禁止生产、销售、使用一次性发泡塑料餐具和有毒、有害、不易降解塑料制品。到2007年年底聘请了400多名河道、滩地管理员，以及近千名农村垃圾收集员，对流域村庄及河流垃圾进行清理收集，沿湖建成9座乡镇垃圾中转站、706个垃圾收集池和两个垃圾处理场，入湖河道垃圾管理和农村垃圾收集清运不断加强。

（四）狠抓面山生态建设，有效控制流域污染

按“生态优先、重点突出、集中治理”的要求，集中实施了退耕还林16.2万亩，完成公益林建设封山育林8.46万亩，人工造林1.8万亩，飞播造林3.84万亩，森林管护328.4万亩。流域内共计实施标准化小流域治理15条，治理水土流失面积189.8km^2；在洱海流域取缔石灰窑、采洗沙厂，对洱海的保护治理产生了重要作用。

（五）狠抓污水处理基础设施建设，有效控制生产生活污染

先后实施的大理古城至下关截污干管工程与洱海南路综合管网工程同步投入使用。海东至登龙河截污干渠工程一、二期已建成投入使用，三期已开工建设。下关东城区雨污分流综合管网建设已经启动一期、二期工程，三期已委托可研编制和工程设计。

（六）狠抓综合管理体系建设，有效确保依法治海、管海

加大了依法治海、依法管海的力度，充分运用《民族区域自治法》赋予的自治权，于1988年制定颁布《洱海管理条例》，并在1998和2004年分两次对《洱海管理条例》作了及时修订，将洱海正常来水年的最低生态运行水位从原来的1971m提高到1972.61m，将洱海从云南省电网枯季调峰地位改变为以环保为主，水资源调度权交给大理州，洱海保护治理基本实现了统一管理、综合执法。

三、洱海模式的主要经验

（一）保护与经济发展双赢

一般情况下，环境保护与治理投入大、见效慢。区域经济发展与环境保护往往被认为是相互矛盾的问题，尤其在那些财政并不富裕的地区，容易被决策者忽略。大理的发展，要的是人与自然和谐发展，抢的是经济效益，谋的是经济社会可持续发展，堵的是“先污染后治理之路”，洱海保护治理与大理经济发展并没有形成矛盾，并没有使大理的经济发展速度放慢，而且经济社会发展倒是加快了，实现了又好又快发展。

通过几年来的治理与保护，洱海水质明显好转。2007年以来，虽然遭遇罕见旱情，在来水幅度减少的情况下，洱海水质始终保持国家地表水Ⅲ类水质标

准。2007年6月，洱海被国家环保总局认定为“全国城市近郊保护最好的湖泊之一”，并在全国推广“洱海经验”。随着洱海环境的改善，洱海的魅力不断增强，许多有识之士和实力雄厚的商家已经瞄准了大理这块宝地，慕名前来旅游度假和投资兴业。仅2006年，大理市旅游人数及旅游收入分别比2002年增长9.98%和53.7%；招商引资实际到位资金比2002年增长25.2%。大理州经济发展与环境保护的“双赢”格局正逐步凸显出来。

（二）建设生态农业

环洱海生态农业建设是一项系统工程，牵涉面广，涉及各行各业，以及各类科学技术，各级政府上下齐心、通力合作开展此项工作。环洱海生态农业建设基本思路是：紧紧围绕保护洱海生态环境，建设生态农业为主题，树立以人为本，加强领导，依靠科技，增加投入的原则，来建设环洱海生态农业。洱海水质恶化，洱海生态环境发生变化，不仅影响到城乡人们的生产和生活，还直接影响到大理市国民健康可持续发展和全面推进小康社会建设的进程。为此，抓好环洱海生态农业建设，保护洱海生态环境成为确保大理市国民经济的健康可持续发展和全面推进小康社会建设的主要工作之一。在环洱海生态农业建设中，种养殖业主要采取以下几方面的对策：一是继续推进农业结构调整，优化作物布局，合理轮作，全面提升农业综合效益。二是推广优化平衡施肥技术措施，保护洱海生态环境，逐步向测土施肥、因缺补缺的科学配方施肥方向发展。三是大力推进无公害农产品基地建设，开发无公害优质农产品和绿色食品，全面促进农业向高产、优质、高效方向发展。四是建立、健全农业生产中农药使用监管体系，严禁环洱海周围使用高毒、高残毒农药，加大安全、高效、低残毒农药和生态农药开发应用，确保城乡居民吃上放心粮、放心菜，保护洱海生态环境。五是发展规模化生态型的乳牛养殖场，走无公害生态型乳牛养殖道路，全面提升乳畜业的综合经济效益。

（三）加大工程治理力度

大理对洱海的治理，首先确立起科学的、系统的综合治理思路。即围绕“一个目标”：实现洱海Ⅱ类水质目标；体现“两个结合”：控源与生态修复相结合，工程措施与管理措施相结合；实现“三个转变”：从湖内治理为主向全流域保护治理转变，从专项治理向系统的综合治理转变，从以专业部门为主向上下结合、各级各部门密切配合协同治理转变；突出“四个重点”：以城镇生活污水处理、湖滨带生态恢复建设、入湖河流和农村面源治理为重点；坚持“五个创新”：观念创新、机制创新、体制创新、法制创新、科技创新；全面实施洱海保护治理“六大工程”：洱海生态修复、环湖治污和截污、流域农业农村面源污染治理、主要入湖河道综合整治和城镇垃圾收集污水处理系统建设、流域水土保持、洱海环境管理工程。

（四）建立、健全保护治理的长效机制

创新了管理体制，多年来洱海由州直管，一个洱海被两个县市分割，基层管理、保护的积极性不高。为改变这一现象，把洱海管理局调整为市属市管，将原隶属洱源县的江尾、双廊两个乡镇划归大理市，将整个洱海由大理市统一负责管理，理顺了管理体制。

大理州与大理市、洱源县和州级8个有关部门的主要领导签订了洱海保护目标责任书，将任务、目标层层分解，并实行风险金抵押和一票否决。建立河（段）长负责制管理模式，明确环湖各镇镇长为其行政范围内入湖河道管理的河长，并由各镇聘请河道管理员对各河段进行责任管理，确保了各项治理任务的领导到位、措施到位、工作到位。

（五）加大依法治海、依法管海力度

长期以来，洱海实行夏秋蓄水质差的洪水，冬春放清水发电，低水位运行，加速了水质恶化。经过反复科学论证，2004年，依法按程序重新修订了《洱海管理条例》，将洱海正常来水年的最低生态运行水位从原来的1971m提高到1972.61m，确保洱海生态用水。

“十五”期间，在全面巩固洱海“三取消”的基础上，依法实施了洱海“三退三还”工作，共退鱼塘还湖4324.94亩，退耕还林7274.52亩，退房屋还湿地616.8亩。同时取缔湖内挖沙船9艘、机动运输船126艘，对103艘小旅游船减量重组，保留了52艘并按环保要求进行了技术更新改造。同时，全面清理、整治、取缔、规范了洱海面山采砂取石行为，并从2004年开始，首次对洱海施行全湖半年封湖禁渔。此外，大理州人民政府还先后完善和颁布实施了洱海水污染防治及入湖河道垃圾污染物处置、滩地管理等实施办法，加强对洱海径流区内农药、化肥的使用管理，为依法治海、管海提供了强有力的保障。

（六）大力推广科技应用

制定了《洱海流域保护治理规划（2003—2020）》，为洱海的科学防治奠定了基础。大理州聘请全国一流湖泊治理专家指导，制定了洱海水质监测方案和农业面源污染监测方案，每月一次对洱海主要入湖河道水质进行监测，及时跟踪掌握洱海流域面源污染及水质动态。强化了科技推广应用，加大科技项目的试验、示范、应用。控氮减磷，优化平衡施肥等生态产业技术在洱海流域大面积推广应用，“仁里邑农村生活污水湿地处理技术”和“云南庆中污水处理厂利用硅藻土处理城市污水技术”等减排控污技术获得成功，建成了“数字洱海”信息管理系统，组建了“洱海湖泊研究中心”，切实提高保护治理的质量和水平。为进一步加大洱海科研力度和科学保护治理水平，州人民政府还于2006年4月批准成立了“中国大理洱海湖泊研究中心”。

(七) 创新投融资机制

洱海治理需要大量投入。对此，当地政府不断创新投融资体制，多渠道筹措资金，增加投入。一方面，提高水资源费的收取标准，并从2006年7月1日起依法征收洱海风景资源保护费。另一方面，向银行贷一部分资金，并依靠社会力量，率先在全省采用BOT方式由云南庆中科技有限公司采用新技术（新工艺）投资350万元建成了日处理$5000m^3$的灯笼河污水处理厂，取得了投资省、占地少、运行费用低、处理效果好的成果。同时，积极争取中央、省的项目、资金支持，以及世行项目资金。

(八) 大力宣传、发动全社会参与

洱海保护治理是一个区域性、社会化的系统工程，既需要各政府部门的主导组织，更需要全社会的共同参与。2004年，大理启用了以洱海保护为重点的中、小学地方环保教材，从娃娃开始狠抓环保教育。同时，充分利用报刊、广播、电视、讲座、墙报、黑板报和宣传橱窗等多种形式和手段，广泛深入地开展环境保护宣传教育活动，不断增强了全州广大干部和各族群众的“洱海清、大理兴”意识，使洱海保护治理各项工作得到了广大人民群众的理解和支持，使洱海保护治理有了广泛的群众基础。

后　记

自 1979 年改革开放以来，我国依靠制度创新、要素驱动等创造了经济增长的世界奇迹，GDP 年均增长率达 9.6%以上。我们奋起直追，逐步缩短了与发达国家之间的差距，仅仅在短暂的 30 多年里就经历了欧美发达资本主义国家上百年时间才能完成的工业化进程，这也被国际誉为“中国模式”。“中国模式”使得 13 亿中国人从脱离贫困、解决温饱到迈向小康，可谓一路风雨、一路激昂。从 1997 年的亚洲金融危机到 2008 年的世界金融危机及随后越演越烈的欧债危机，“中国模式”更是被学界、政界称为“救命稻草”。

毋庸置疑，中国自改革开放以来的确取得了举世瞩目的经济奇迹，但另一个事实告诉我们，我国 30 多年来在创造经济奇迹的同时，是以牺牲两个要素为代价的，一是劳动力（更准确地说是农民工利益），二是生态环境。正是凭借低廉的劳动力成本，才换来了“世界工厂”及世界第一的外汇储备；正是通过掠夺式的资源开发、不断破坏生态环境才换来了中国经济增长的奇迹。我无意指责这种模式和这种奇迹的合理性。但这样的经济发展模式以“乡镇、区县、省市、国家”“GDP”为导向，通过资源浪费、环境污染、生态破坏的不可持续的经济发展方式，已经或即将为我国经济社会“又好又快”发展带来严重束缚。

亘古以来，人类文明伴水而生、因水而亡。世界四大文明古国中三大文明的消失即是铁证，我国的文明中心也从黄河流域迁移到今天的“长三角”、“珠三角”流域。水是人类生存、繁衍、发展、繁荣最重要也是最核心的生产要素。只有保障流域经济的可持续发展，才能维系我们的生命之水，人类文明才能进一步传承。随着我国经济的发展，《中共中央关于制定国民经济和社会发展第十二个五年计划的建议》明确提出加快转变经济发展方式，开创科学发展新局面。因此，在转变经济发展方式的这一大背景下，我们必须要注重在生态功能区、主体功能区规划指导下，强力推进以流域为单位的经济发展方式的转变，以经济和产业结构调整为主攻方向，以生态产业构建为突破口，不断促进流域内各行政主体之间的协调、共生、和谐和可持续发展，努力实现流域内各行政单元在产业布局上的优势互补，形成各行政单元“一区（县）一品”的特色产业及其可持续发展模式。因此，我个人认为以产业生态学、流域生态学为指导，通过构建流域生态产业，推进流域经济一体化、流域经济发展方式的转变是实现上述目标的重要手段和路径。这也是我们尝试进入流域经济学、流域生态产业研究领域的初衷和动机。

本书共分六章，全书大纲撰写和总体统筹协调由文传浩负责，具体内容包括第一章“绪论”由文传浩、王殿颖、程莉完成；第二章“生态产业相关理论”由程莉、王殿颖、文传浩完成；第三章“乌江流域产业发展历史、现状及其与生态环境的耦合关系”由马文斌、程莉、文传浩完成；第四章“乌江流域生态产业构建与发展模式”由王殿颖、文传浩、张梅、文静华完成；第五章“乌江流域县域生态产业实证分析”由王殿颖、蔡丽玲、马文斌、文传浩完成；第六章“乌江流域生态产业发展政策支撑体系”由文传浩、王殿颖、程莉、马文斌完成。全书统稿由程莉、马文斌负责，文传浩负责审定。此外，重庆师范大学王现宁、马大丰、何礼鹏等研究生在资料收集、数据处理等付出辛劳，做出了实质性的贡献。项目调研过程中尤其感谢重庆工商大学宣传部肖永红部长、重庆武隆王频副县长、贵州沿河文静华副县长等给予的大力支持。同时，贵州省沿河土家族自治县、重庆市武隆县、重庆市南川区等区县政府办、农业局（委）、发改局（委）、经信局（委）、教育局（委）等部门给予的全力支持和配合，在此一并致谢。

本书研究受到教育部人文社会科学研究规划基金项目（08JA790141）、重庆市社会科学规划项目（2009JJ17）、国家社会科学基金重大项目（11&ZD161）、国家软科学研究计划项目（2010GXQ5D353）、重庆市高校创新团队项目（KJTD201021）的大力支持。近年来，中国社科院荣誉学部委员、原中国区域经济学会常务副会长陈栋生先生一直给予研究团队大力支持。陈先生在学术上的深刻洞察力、对国家未来发展的高度责任心，以及对年轻后辈学者的鼓励、呵护和毫无保留的指导，我们时刻铭记并以此为动力继续在此研究领域摸索前行。本书研究过程中自始至终得到我国污染生态学奠基人之一——云南大学王焕校教授的鼓励和指导，先生在得知书稿即将付梓印刷后欣然作序，并对书稿案例研究部分从流域生态学的视角提出了诸多宝贵意见，我们也将在今后的研究中不断弥补这些不足，将老先生的期望在今后的研究中不断深入。本人能够一直坚持在经济学、生态学等交叉学科领域摸索，和云南大学段昌群教授的指导和关心也密不可分。同时，这里要特别感谢科学出版社胡升华老师，他对我们团队及长江上游经济研究中心的学术研究自始至终都在默默支持，本书编辑出版过程中还先后得到科学出版社杨婵娟、邹聪两位老师前后的帮助。这里尤其要特别感谢在本书写作过程中引用或部分引用而未能提及的众多文献作者，本书能够面世是站在他们多年科研积累基础之上的，每一点进步都离不开他们众多学术成果的启迪与借鉴，在此我代表项目组对他们深表诚挚谢意。最后要感谢重庆工商大学王崇举教授、廖元和研究员，以及余兴厚教授等领导对我们研究的鼎力支持。

后　记

本书是本人及所带领的学科团队多年来从事流域可持续发展研究积累形成的，部分成果曾在国内公开发表，并引起一些国内学者的关注和好评。当把书稿交付出版社之际，除了有一丝如释重负的轻松外，更多是感到有些忐忑不安，因为编写本书并非一件容易之事。尽管我们在收集最新的国内外前沿文献，对流域生态产业研究前沿进行多种形式的调研，或者是在研究写作过程中，都努力做到真诚、客观，但由于我们面对的研究对象是一个复杂多变的经济系统，更重要的是流域生态产业理论与实践的分析体系与分析方法还很不成熟，当我们面对乌江流域经济发展中的重点、难点、关键问题时，常常感到力不从心，而且由于时间仓促和水平所限，本书研究深度也还有待进一步加强，某种意义上仅仅在流域经济学领域开了一个头，不仅难以满足读者的要求，连我们自己都深感留下了些许遗憾和缺陷。本书所遗存的众多不足、缺陷之处，敬请读者批评、指正和鞭策。

文传浩

2012年12月19日